南开大学 2021 年本科教育教学改革项目（项目编号：NRJG2021172）

形象管理

王 红 著

南開大學出版社
天 津

图书在版编目(CIP)数据

形象管理 / 王红著. —天津 ：南开大学出版社，2024.4
ISBN 978-7-310-06373-4

Ⅰ. ①形… Ⅱ. ①王… Ⅲ. ①个人－形象－设计 Ⅳ. ①B834.3

中国版本图书馆 CIP 数据核字(2022)第 252289 号

形象管理
XINGXIANG GUANLI

南开大学出版社出版发行
出版人：刘文华
地址：天津市南开区卫津路 94 号　　邮政编码：300071
营销部电话：(022)23508339　营销部传真：(022)23508542
https://nkup.nankai.edu.cn

天津创先河普业印刷有限公司印刷　全国各地新华书店经销
2024 年 4 月第 1 版　　2024 年 4 月第 1 次印刷
240×170 毫米　16 开本　10.75 印张　2 插页　174 千字
定价：38.00 元

如遇图书印装质量问题，请与本社营销部联系调换，电话：(022)23508339

前言

PREFACE

《形象管理》作为一门新兴的综合艺术课程，既符合当今时尚需求，又具备满足实际应用的特点，现成为大学校园文化素质教育课程的重要组成部分。一个人的形象真实地体现着个人的修养和品位，是内在修养的外在集中表现。可以说，良好的形象就是一种无形的资本，管理好自我形象将会给我们自身带来一笔难以估量的财富。

形象对于每个人来讲都非常重要，爱美是天性，会美是修行。保持良好的形象，不仅是尊重自己，更是尊重他人，美好的形象不仅反映出一个人的精神面貌与生活态度，还会影响一个人的品格和行为。良好的形象是美丽生活的代言，是走向人生更高阶梯的扶手。形象是科学管理的结晶，运用服饰搭配塑造个人形象，进行自我风格定位，对每个人来讲都会有很大的帮助。个人整体形象设计要素主要分为“外在因素”和“内在因素”两大方面：外在因素包括脸型、五官、体型、发型、服装款式、饰品配件等诸多要素，外在形象更容易直接、快捷地给人留下深刻的印象；内在因素则为个性、心理以及文化修养等，多为含蓄的。我们可以通过内在修养与外在表现，力争做一名内在与外在同美的大学生。

根据西方学者总结得出的形象沟通的“55、38、7”定律：决定一个人第一印象的55%体现在外表、穿着、打扮；38%体现在肢体语言及语气；而谈话内容只占到7%。第一印象又被称为“首因效应”。在人际交往中，形象对于个人的事业和生活来说非常重要。

形象管理就是根据每个人的长相、身材、比例、肤色等特征，客观而理性地分析个人的特点，诊断出气质类型，得出最适合哪种着装风格，让每个人在穿衣打扮上找到适合自己的方向。一个人如果知道哪种服装风格更适合自己，根据色彩诊断后的结论，再运用最适合自己的色彩，通过妆容与发型进行修饰，这样不仅能把自己独有的风格完美、自然地显现出来，还能因为通晓服饰间的搭配关系而节省装扮时间，避免时间的浪费。更重要的是通过学习，每个人都会清楚地知道什么风格与颜色是能提升自己气质的，什么颜色是适合或不适合自己的，使我们能在生活中的任何场合轻松驾驭服装风格，科学而自信地装扮出最美丽的自己。

通过本书的学习，学生可以掌握专业的穿着打扮常识，正确应用自我分析的方法，通过客观而理智的诊断，结合人体形象基因进行专业色彩与风格的分析，能让大家清楚地知道自身风格规律倾向，从而解决大家在装扮风格及用色方面的难题，做自己的形象设计师。

一、风格诊断阶段

（1）轮廓诊断，是根据人体骨骼的轮廓线，得出轮廓感觉（直线感还是曲线感）。

（2）量感诊断（含比例），是根据人体的骨骼感与比例，得出量感倾向（大量感还是小量感）。

（3）动静诊断，是根据五官立体度，得出整体感觉（平缓还是跳跃）。

（4）色彩诊断，是根据皮肤、头发、眼睛的特征，得出的用色范围。

（5）个人款式风格形容词读取法，是通过观察和读取人的面部、身材和性格特征的外在气质，给人的整体感觉，用最为贴切的形容词描述出来，总结个人款式风格规律的倾向。

二、验证阶段

综合诊断阶段的所有结论，对整体进行分析后得出初步诊断结果。

三、调整阶段

根据被诊断者的其他综合因素，对诊断结果进行综合调整，最后给被诊断者一个准确、适用的服饰风格指导建议。

形象管理课程打破只讲理论不重实践的枯燥、刻板的教学印象，以简单易懂的理论联系实际，充分调动学生的审美情趣，按照学习的知识点，每个学生都可以给自己制订一份形象设计诊断报告书。课程要求学生先把自己从头到脚分析一遍，如身高、体型、身材廓形、脸型、色彩基因等因素，然后按照自身的客观规律制订实施设计方案。这样既能理论联系实际，又能扬长避短。完成自我分析与诊断，可使每个学生都成为自己的形象设计师，然后根据自身的特点制作一份诊断报告书，有头像、半身像和服装搭配及改造图片等，把最美的特征呈现出来，留下在大学期间美好的记录，对每位学生来讲都很有意义。

形象管理课程在超星尔雅慕课平台线上教学，自2016年2月至2023年上线以来，已面向全国各高校开设了16个学期。本课程在超星尔雅慕课平台（课程网址：https://mooc1.chaoxing.com/course/200896928.html）上线后，在全国已有1000多所高校的近百万学生选课。课程包括：课程视频、精品课件、拓展阅读、章节测验、考试题库等完整系统的慕课资源。通过课程内容讲解，学生可以掌握专业的服装解读、分析方法，快速把握服饰语言的特征与审美元素，结合人体形象基因进行专业的风格诊断，能让学生清楚知道自身风格规律，从而解决学生在装扮风格及用色方面的难题。

科学而自信地装扮出最美丽的形象，这不仅是自信的体现，还能让他人欣赏，更容易建立良好的人际关系，对即将步入社会，面试求职的大学生也会有很大的帮助。

王红

2023年10月

目录

CONTENTS

第一章

女生个人风格诊断

为什么同样的衣服有的人穿好看，有的人穿就不适合？那是因为每个人都有自己的风格，如果每个人都能根据自身规律建立好着装风格，就能充分展现出独特的个人风格魅力。穿着打扮的真正意义不是修于外表，更在于体现自己的内在修养，要想有美好的形象就要先从了解自己开始，找出适合自己的穿衣风格。

一、女生自我风格分析与诊断

风格诊断是根据我们的五官特征、整体比例、身材特征，诊断出的个人气质风格类型，指导我们学会掌握自己的着装风格以及搭配技巧。

人与人之间在相貌、身材、性格等方面都会存有很大的差异。在众多个性化元素中归纳出与其他人相像的共性元素，又要分辨出与其他人不相像的异性元素，就能得出自己的款式风格。

分析一个人的款式风格，首先要了解自己的脸型与体型，是直线型还是曲线型？认识和了解人的轮廓可以解决在穿衣打扮上的一切关于“形”的问题。直线的脸型适合怎样的发型？直线的体型穿什么款式的服装更为适合？个人的款式风格决定着每个人服装的款式、面料、图案等的样式的选择。穿着打扮本是比较感性的认识，但经过研究和分析，我们可以把服装设计归纳为八大风格；色彩搭配方面，按照“四季色彩理论”的方法，就能解决我们在穿着打扮中的难题，并给出有效的指导方案。

（一）女生自身客观规律自我分析步骤

人体的比例和轮廓，是指人体起伏变化的一定结构规律。人体的颈部、肩部、背部、胸部、臀部等许多重点部位的外形特点，可以说这些外形特点对人体着装起着很大制约作用。为了让大家了解身材测量的规律，有关专家收集大量的资料，总结了一套较适合亚洲女子健美体形的测量标准。

女子健美体形的测量方法（如图 1–1 所示）和标准如下。

（1）标准体重（千克）= 身高（厘米）–105。

（2）上、下半身比例：以肚脐为界，上、下半身比例应为 5 ∶ 8，符合“黄金比例”。

（3）胸围：由腋下沿胸的上方最丰满处测量，标准胸围应为身高的一半。

（4）腰围：在正常情况下，测量腰的最细部位，标准腰围较胸围小

20 厘米。

（5）臀围：在体前耻骨平行于臀部最大部位，标准臀围比胸围大 4 厘米。

（6）大腿围：在大腿的最上部位，臀折线下，标准大腿围较腰围小 10 厘米。

（7）小腿围：在小腿最丰满处，标准小腿围较大腿围小 20 厘米。

（8）足颈围：在足颈的最细部位，标准足颈围较小腿围小 10 厘米。

（9）手腕围：在手腕最细部位，标准手腕围较足颈围小 5 厘米。

（10）上臂围：在肩关节与肘关节之间的中部，标准上臂围是大腿围的一半。

（11）颈围：在颈的中部最细处，标准颈围与小腿围相等。

（12）肩宽：两肩峰之间的距离，标准肩宽为胸围的一半减 4 厘米。

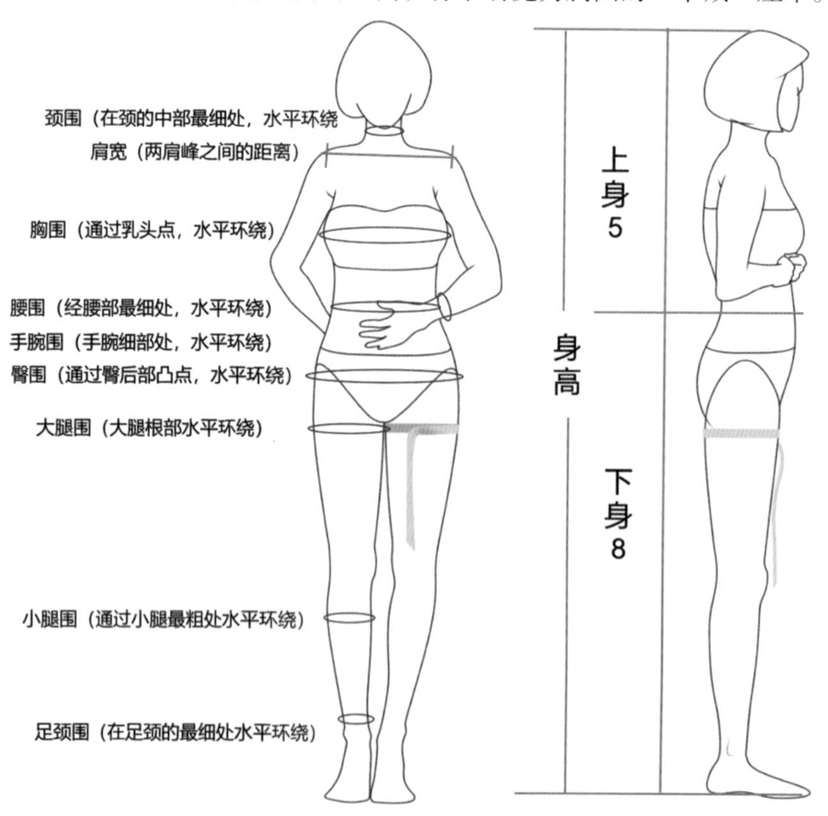

图 1-1　人体各部位测量方法

练习题
LIANXITI

测量身体各个部位的数据并记录下来，试比较自己与标准体形的差别。

（二）不同体型的穿衣打扮

很多女生在穿衣打扮的时候，只是单纯地看衣服款式与颜色是否好看，往往忽略了自己的身形，从而导致一件很美的衣服在自己身上却穿不出应有的效果。首先要了解自己属于哪种身形，再选择适合自己身形的服装，这对装扮自己有事半功倍的效果。有一句话说得好，适合自己的才是最好的，穿衣打扮更要扬长避短。不同体型有不同的穿衣打扮技巧，这样才能最大限度地展现自己的独特魅力。

我们把体型分为Y型、H型、O型、X型、A型五种（如图1-2所示），最好的方法就是根据自身的廓形去穿衣。

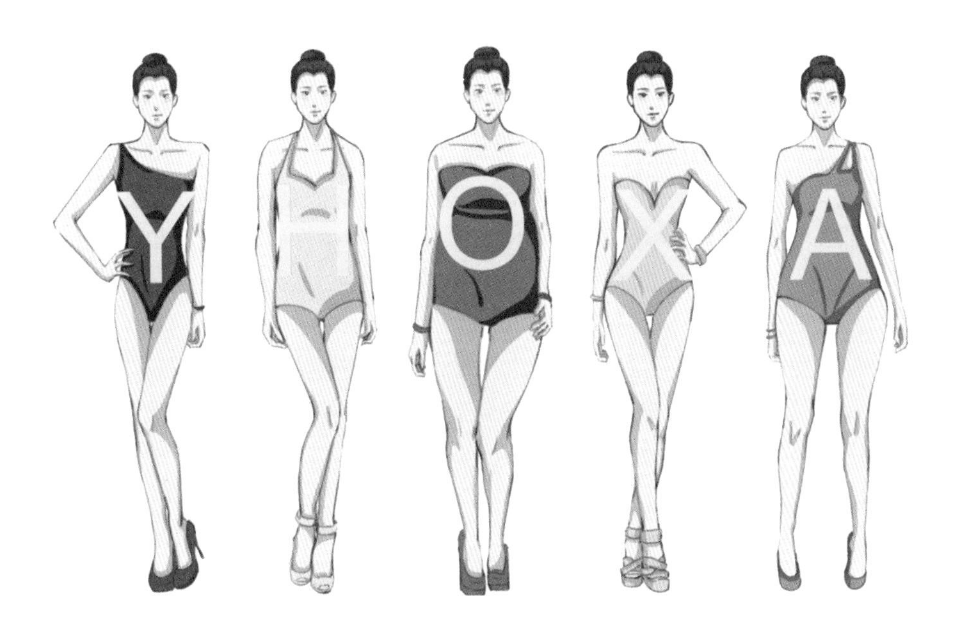

图1-2 五种体型

1. X 型体型

（1）特点：胸围和腰围差 18~20 厘米。

X 型体型是相对标准的女性身材，肩膀与臀部基本同宽，腰身瘦小。胳膊与腰部之间有明显的缝隙，肩膀有棱角，身长比例均衡，骨架从小到大都有，有明显的曲线感，腰围明显小于臀部及肩膀的宽度。

（2）X 型身材穿衣指南：

①忌：穿宽大的衣服，会遮住曲线美。

②宜：合身、收腰的裙装是最好的选择，在腰部系上腰带加强曲线视觉效果，穿高腰裙突出臀部的曲线。

2. Y 型体型

（1）特点：肩围大于臀围 3 厘米以上。

Y 型体型肩宽臀窄，虽然胸部可能丰满，有腰部曲线，但腿部较细，体型外部特征仍为 Y 型，也称倒三角形，很有中性感。

（2）Y 型身材穿衣指南：

①忌：穿细肩带、船型领和泡泡袖加宽肩部的上装。

②宜：下半身可穿鲜艳的裤装，可以展示修长的大腿；也可以穿阔腿裤或者长裙，平衡肩宽的视觉；还可以尝试高腰线款式的服装。

3. A 型体型

（1）特点：肩围小于臀围 3 厘米以上。

A 型体型臀宽肩窄，此类体型最为主要的特征是臀部宽大。A 型大部分有溜肩，骨架小，脂肪的分布不平衡，通常集中在臀部、腹部和大腿处，胸部是否突出不影响臀部在整个身体中的比例。

（2）A 型身材穿衣指南：

①忌：穿把视线引到臀部上的衣服，如工装裤或紧裹着臀部的服装。

②宜：可以尝试 A 字裙以掩饰臀部；尝试穿鲜艳的上装和深色下装，形成对比；尽量穿船形领、方领的衣服；无肩带裙可以露出纤细的手臂，容易穿出少女感。

4. H 型体型

（1）特点：肩围和臀围差 3 厘米以内。

该体型的人肩部与臀部的宽度接近，身体最突出特征是直线条，腰部曲线不明显，整体为 H 型的轮廓线；骨架大小都有，脂肪分布均衡，没有明显的曲度，多为瘦人，有年轻之感。

（2）H 型身材穿衣指南：

①忌：穿大廓形外套，整体看上去会更加“庞大”。

②宜：穿圆领和心形领，可以让身体更有曲线感；收腰廓形的服装也可以帮助 H 型制造身体曲线；层叠的穿法可以掩盖缺点；细腿裤和短裙可以突出腿部优势；最适合休闲装。

5. O 型体型

（1）特点：腰围大于臀围。

此类体型特点最为突出的是圆润的肚子，腰部的宽度大于肩部与臀部的宽度。大部分 O 型体型略有溜肩，体形偏胖。

（2）O 型身材穿衣指南：

①忌：穿紧身或太松垮的服装。

②宜：单色上装更加适合 O 型身材；穿 V 字领可以拉长躯干的视觉效果；宽腰带可以帮助打造出腰部曲线，可制造视觉干扰。

练习题
LIANXITI

结合以上的描述，看看你是哪种体型。

二、脸部轮廓分析法

脸部轮廓分析法是通过脸形外轮廓曲直、宽窄的程度，分析出类别，帮助个人找准穿着打扮的风格。着装风格是由个人面部轮廓与量感决定的。

我们在观察他人时一般会先看脸，而脸部的特征是由轮廓和量感所决定的，轮廓有曲直之分，量感有大小、轻重之分（如图 1–3 所示）。不同的外表所传递的语码信息也不同，每个人的着装风格又受自身的长相所限，只有穿出与自身呈现出的语码信息相符的服装，才能更好地展示个人独有的风采。

（一）着装风格与面部有关

曲线型的脸型给人的感觉是温柔、清秀，女性感强；直线型的脸型给人的感觉是锐利、中性，有距离感。

例如，曲线型的脸型为小量感，少女感强，服装可以选择有曲线的设计来展现出活泼可爱的风格；而直线型、大量感需要往大气成熟的风格打扮，这样更能显示出英气、飒爽的气质。

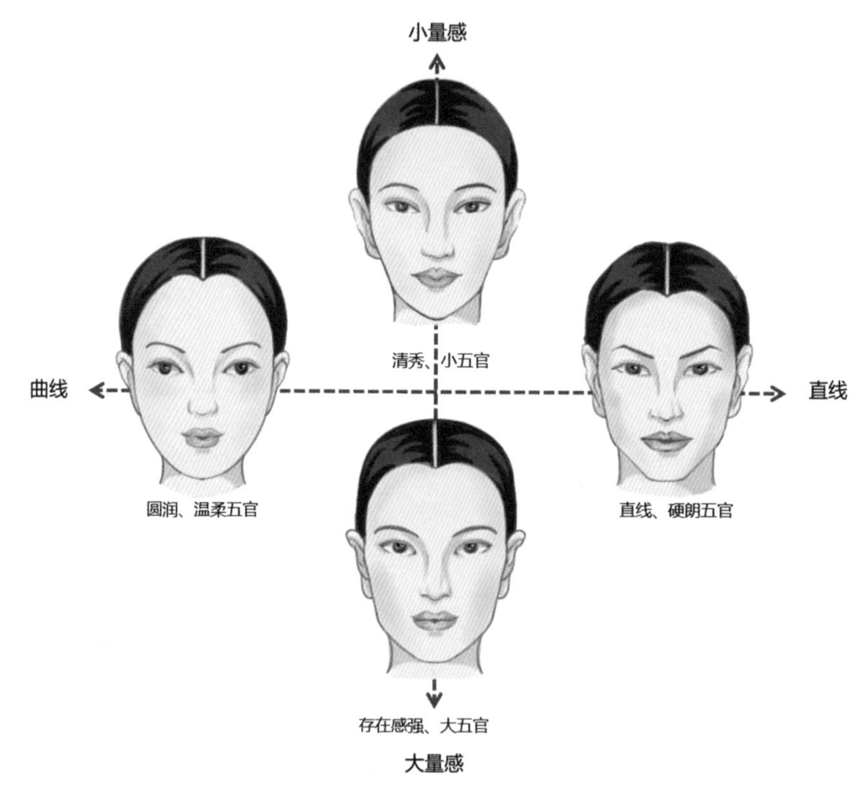

图 1-3　脸部轮廓与量感

（二）脸型测试

我们先来说说脸型的标准，“三庭五眼”（见图 1-4）是脸长与脸宽的一般标准比例，符合此标准被称为理想脸型。

“三庭”，指脸的长度比例，把脸的长度三等分，从前额发际线至眉骨，从眉骨至鼻底，从鼻底至下巴尖，各占脸长的 1/3；“五眼”，指脸的宽度比例，以眼形长度为单位，把脸的宽度五等分，从左侧发际至右侧发际，为 5 只眼睛长度。

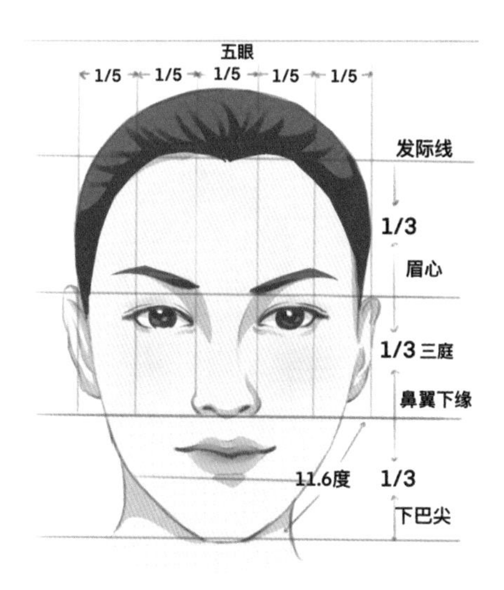

图 1-4 “三庭五眼”黄金面部分割

我们大多数人都不太具备这么完美的脸型，现在就来测测你是什么脸型吧！

脸型可分为七大类（见图 1–5）：椭圆形脸、圆形脸、倒三角形脸（瓜子脸）、正三角形脸（梨形脸）、长形脸、方形脸、菱形脸。每一种脸型之间的区别点就在于面部各部位的长宽、大小、方圆程度，以及互相之间的比例关系。

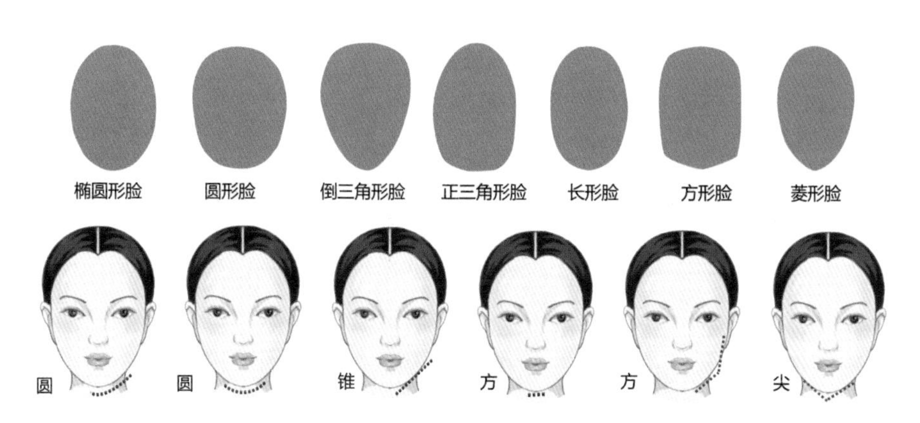

图 1–5 七类不同脸型

首先来做一个简单测试，按步骤依次写下测试结果，看看你是属于哪种脸型。

1. 判断脸部最宽的位置（见图 1–6）

a. 前额

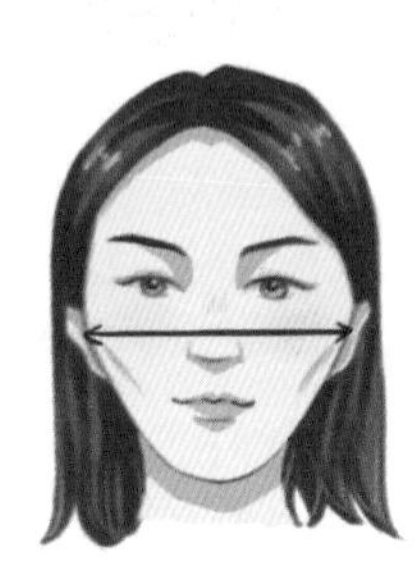
b. 颧骨

c. 下颌

图 1–6　判断脸宽度的三大标准

2. 比较脸部长度和宽度（见图 1–7）

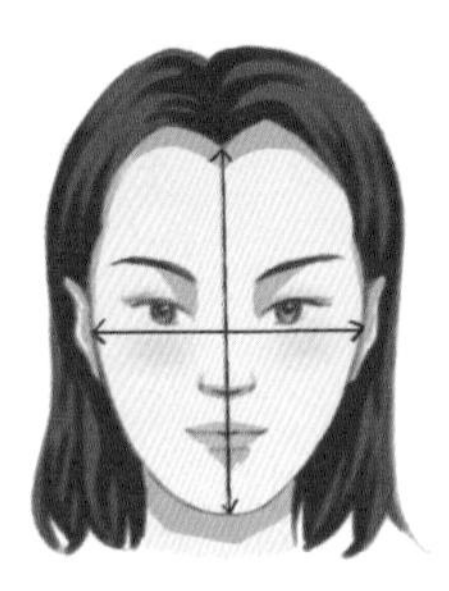
a. 长>宽

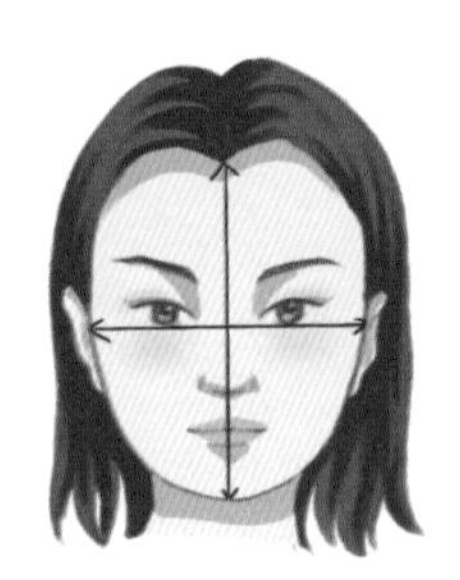
b. 长≧宽

图 1–7　脸部长宽对比

3. 比较前额和下颌的宽度（见图 1–8）

a. 前额=下颌

b. 前额>下颌

c. 前额<下颌

图 1–8　不同宽度的前额和下颌

4. 确定下颌轮廓（见图 1–9）

图 1–9　确定下颌轮廓

测试完毕，你的结果是什么？附脸型参考数据。

瓜子脸：aaba、abba、aaaa、abba

椭圆脸：aaac、abac、aabc、abbc

圆形脸：baac、bbac、babc、bbbc

方形脸：cbaa、cbab、cbac、cbca、cbcb、cbcc

菱形脸：bbaa、bbab、bbba、bbbb、bbbc、baba

长形脸：aaaa、aaba、aaac、aabc、aabb、aaab

梨形脸：cbcb、cbcc

总结
ZONGJIE

你是哪种脸型？

（三）人物风格五大轮廓分析

我们总是在困惑自己到底属于哪种风格类型，有没有一个简洁而科学有效的判断方法呢？人物风格五大轮廓分析法的出现，使我们能客观地进行自我判断，解决我们在人物风格判断方面的许多困惑。

1. 脸部轮廓分析

我们先来判断脸形的外轮廓的曲直。曲线型的脸给人温柔、甜美、友好的印象；而直线型的脸看上去硬朗、犀利，更有距离感。如图 1–10 所示。

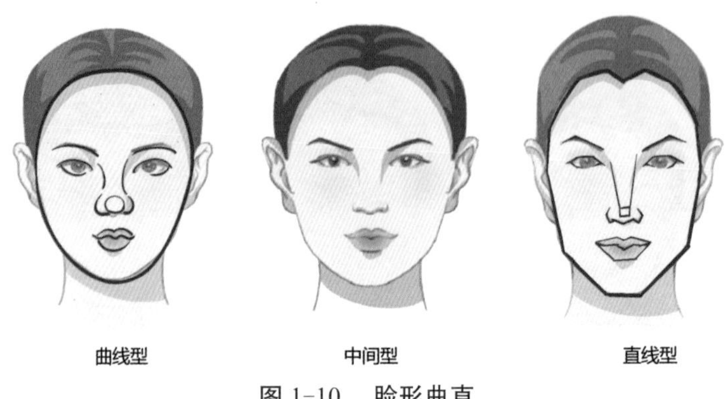

图 1-10　脸形曲直

判断自身的五大轮廓之一——脸部轮廓（见图 1-11）的属性。这要围绕自身脸部轮廓的曲直进行，偏圆的为曲线型，偏椭圆的或直曲型的为中间型，偏方形的为直线型。

颧骨和腮帮骨有棱角、有线条感的属于直线型；额头、颧骨、腮帮骨圆润，有婴儿肥、苹果肌的属于曲线型。

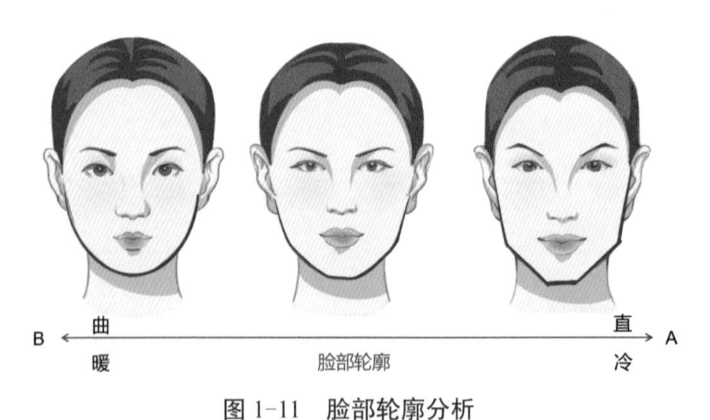

图 1-11　脸部轮廓分析

2. 眼部轮廓分析

判断自身的五大轮廓之二——眼部轮廓（见图 1-12）的属性。这要围绕自身眼部的轮廓的曲直来判断，是曲线型、中间型还是直线型。偏圆的为曲线型，偏椭圆的或直曲型的为中间型，偏长形的为直线型。

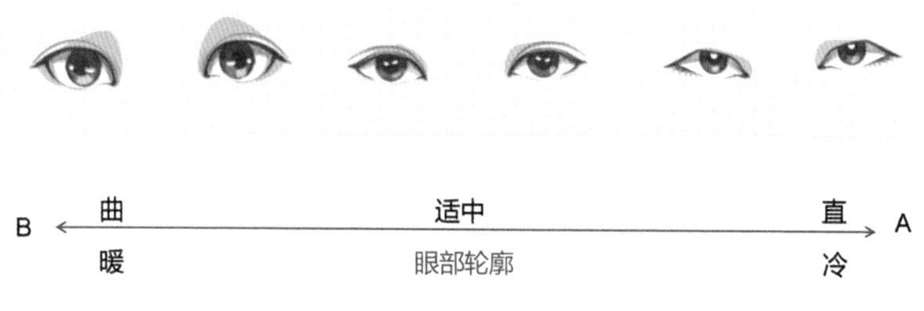

图 1–12　眼部轮廓

3. 鼻部轮廓分析

判断自身的五大轮廓之三——鼻部轮廓（见图 1–13）的属性。这要围绕自身鼻部轮廓的曲直来判断，是曲线型、中间型还是直线型。偏圆头的为曲线型，直曲型的为中间型，偏棱角的为直线型。

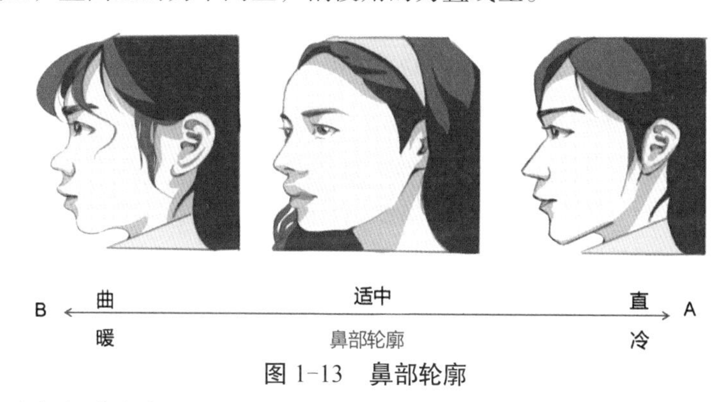

图 1–13　鼻部轮廓

4. 唇部轮廓分析

判断自身的五大轮廓之四——唇部轮廓（见图 1–14）的属性。这要围绕自身唇部轮廓的薄厚来判断，是曲线型、中间型还是直线型。偏厚的为曲线型，适中的为中间型，偏薄的为直线型。

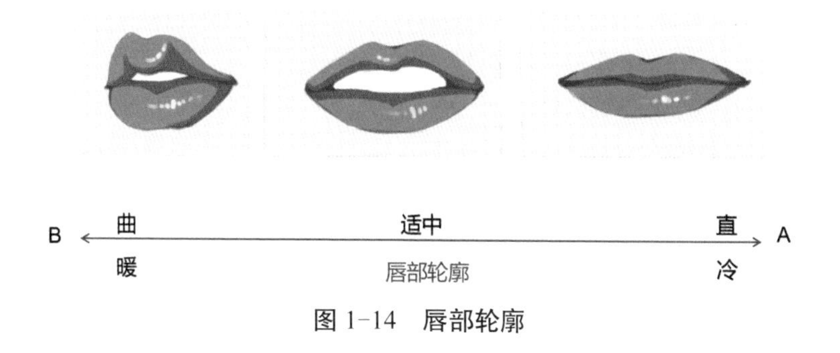

图 1–14　唇部轮廓

5. 下颌部轮廓分析

判断自身的五大轮廓之五——下颌部轮廓（见图 1-15）的属性。这要围绕自身下颌部轮廓的曲直来判断，是曲线型、中间型还是直线型。偏圆的为曲线型，直曲兼备的为中间型，偏棱角的为直线型。

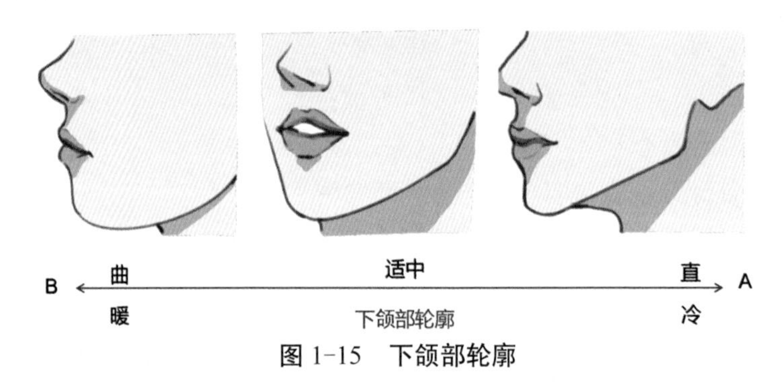

图 1-15　下颌部轮廓

如果直线型偏多，可以塑造帅气、洒脱的中性风；如果曲线型偏多，就可以塑造温柔、富有女性魅力的优雅风格。也有很多人为曲直兼备，没有明显的倾向，很适中，这样的可根据自身的爱好塑造不同的风格。

总结
ZONGJIE

通过人物风格五大轮廓分析，你是曲线型、直线型还是中间型？

（四）五官整体质感分析

判断自身五官整体质感，是从分析五官细节的硬朗度与柔和度来出发的。比如五官偏大或厚重，就为硬朗质感；偏小或轻薄，为柔和质感；两者之间为中间质感。

通过五官质感分析，人物风格判断的结果可用科学的九型风格（见图 1-16）来表示，曲线型风格包括可爱型、优雅型、浪漫型，中间型包括清新型、柔美型、华丽型，直线型包括时尚型、知性型、现代型。

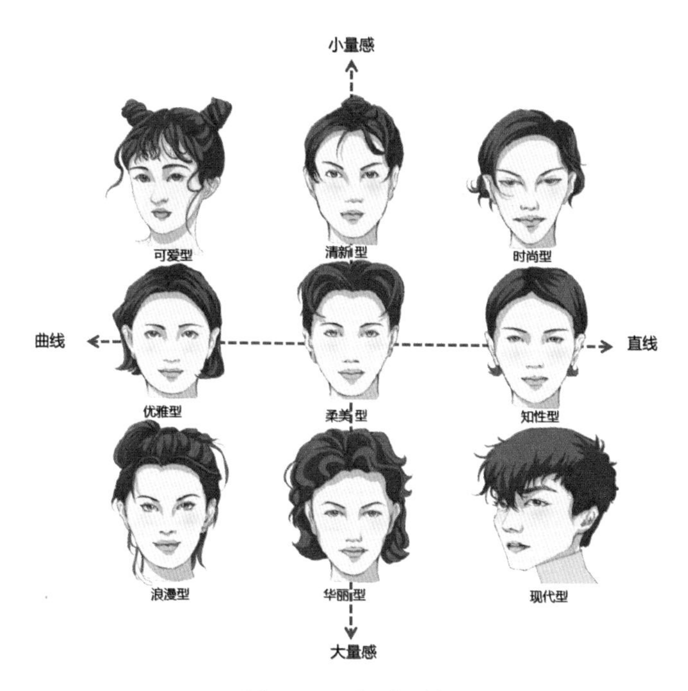

图 1-16 九型风格

总结
ZONGJIE

通过五官整体质感分析，你是什么风格类型？

三、量感分析

什么是量感分析呢？量感分析是指通过人体骨骼的量感与比例来读取人的整体量感的特征，就是人体的大小、轻重、粗细、厚薄等，其实可以理解为存在感，可分为大量感、中量感、小量感，如图 1-17 所示，还可以用成熟、幼态进行分析。例如，一个人如果身高体胖，整个身形的骨架就比较大，那么量感特征就表现为重量感，给人的感觉也很成熟，存在感强，就为大量感。相反，矮身、小骨架就表现为轻量感，看起来比较轻盈，有年轻感，称作小量感。当然，还有介于大小之间的量感统称为中量感，或者说量感适中。

人的长相天生就有大气成熟和娇小稚嫩之分，这是由五官大小和其比例共同决定的。例如，五官比例比较集中，面部留白比较多，脸部比较小，中庭比较短，看起来有萌萌的感觉，就会有稚嫩感；而五官比较分散，中庭比较长的人，看起来就会有成熟感。在服饰搭配中，要考虑人物的风格与服装风格的共性，人与服装才能更完美地融合。

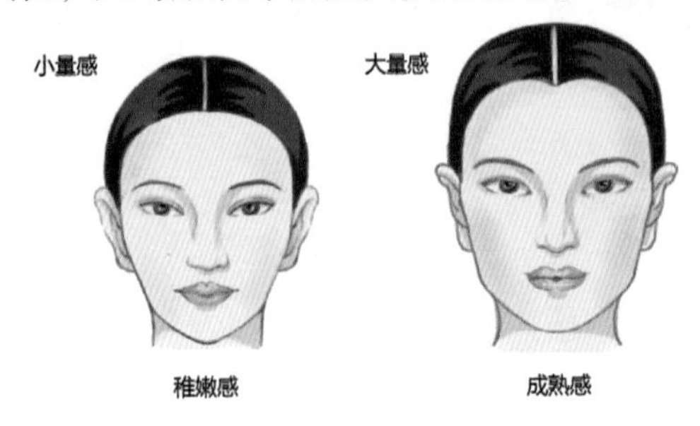

图 1-17　大量感和小量感的差别

（一）量感判断

1. 脸部量感

脸部的量感是由五官的骨骼大小、内轮廓长度，眉、眼、鼻、嘴的比例大小共同决定的。内轮廓越小，量感就越小；内轮廓越大，量感就越大（见图 1-18）。

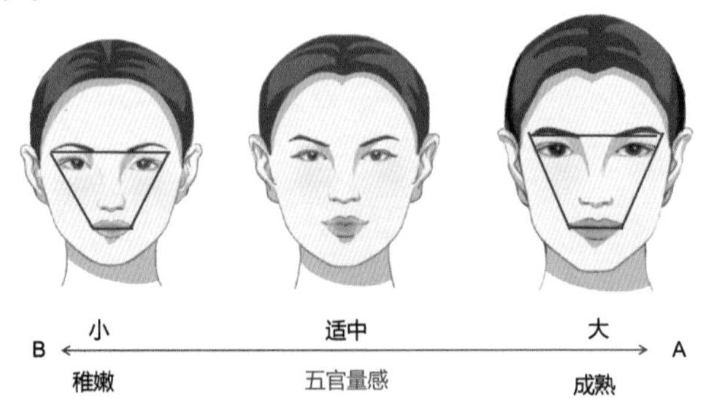

图 1-18　脸部量感

脸部不同的量感给人的直观风格感受是不一样的，小量感的人会显得活泼、甜美，没有距离感；而大量感的人，则多呈现沉稳、大气的风格，有距离感；中等量感的人趋于平稳的风格。

看一看你的脸部量感：

A. 眉眼存在感强，脸形棱角分明且中庭长，给人大气、成熟、有气场之感，很容易成为焦点人物。

B. 五官小巧秀气，有活泼轻盈感。

C. 五官大小适度，有一种柔和感。

2. 脸部内轮廓

眉心到唇心的距离为内轮廓，头顶到下巴的距离为头高，标准的内轮廓在面部的比例为 3 ：8，如图 1–19 所示。例如，内轮廓：头高 > 3 ：8 则表示内轮廓偏长，反之偏短。

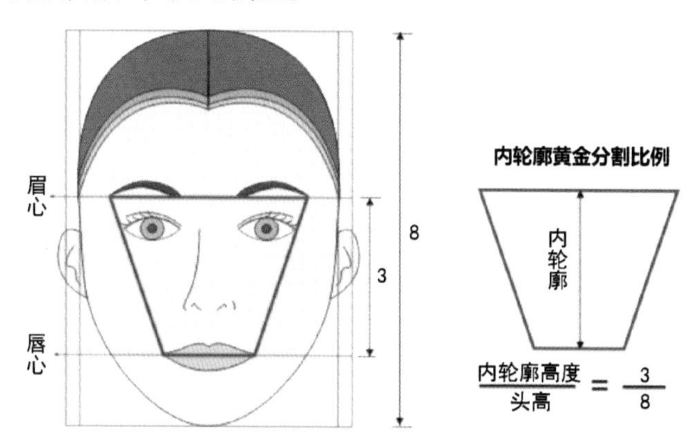

图 1–19　脸部内轮廓比例

量一量你的内轮廓比例：

A. 五官分布舒展，中庭长，眉眼可能紧凑，但看整体，纵向比例比横向影响更大，上下空间拉得更大，为大量感。

B. 五官分布紧凑，脸小，中庭比较短，人中与嘴巴靠得比较近，为小量感。

C. 五官分布适中，为中间型。

3. 脸部外轮廓

脸盘有大有小，脸盘大的人存在感强，为大量感，反之为小量感。再观察脸部外轮廓线条，有的人线条走向是偏直的，没有柔和的线条，所以呈现出来的风格偏硬朗英气，存在感就强，为大量感；而有的人线条走向则比较弯曲，所以呈现出来的脸部风格就偏柔和，为小量感；也有一部分人的脸部线条是曲直兼备的，比较适中，为中量感。如图 1–20 所示。

选一选你的外轮廓量感：

A. 脸盘大，脸上骨骼存在感强，有明显的颧骨和下颌线，为大量感。

B. 脸盘小，脸上看不出骨骼感，外轮廓线条流畅，无突出颧骨，为小量感。

C. 脸盘大小适中，有清晰的下颌线，颧骨不太明显，为中量感。

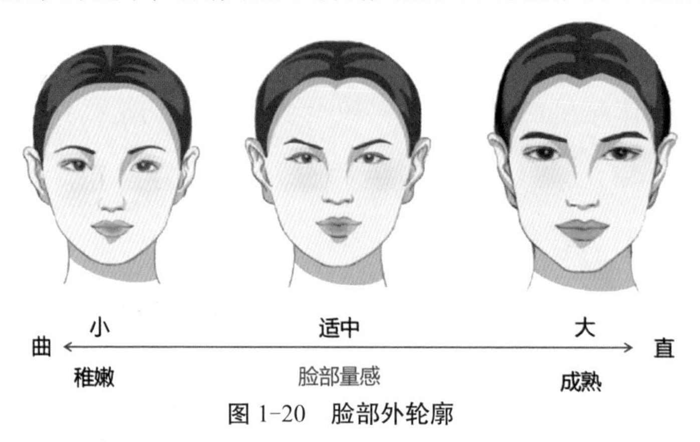

图 1-20　脸部外轮廓

4. 身体的量感

身体的量感(含比例)是通过人体的骨架成熟发育后的形态大小、轻重、薄厚来判断的。如果骨架比较大，那么量感特征就表现为大量感；相反骨架小就表现为小量感；还有介于大小之间的，统称为中量感。如图 1-21 所示。

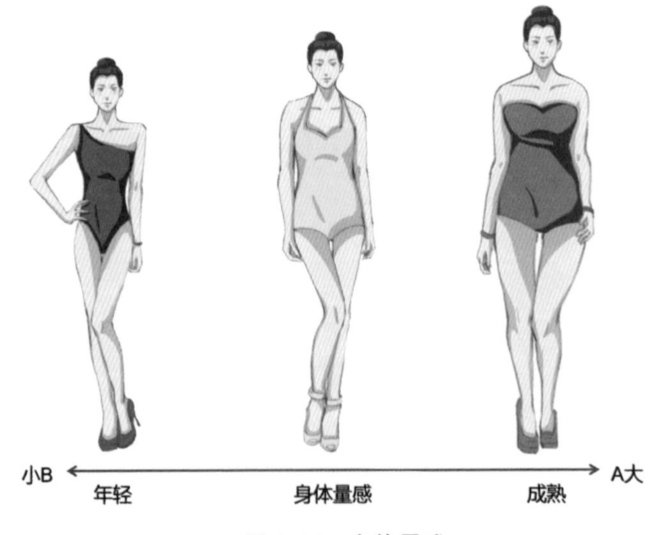

图 1-21　身体量感

观察一下你的身体量感：

A. 身体骨骼粗大，肩宽背厚，成熟大气，为大量感。

B. 身体骨骼细小，肩窄背薄，小巧玲珑，为小量感。

C. 身体高矮胖瘦适中，没有太明显的特征，为中量感。

5. 脸部与身体综合判断

除了通过人体脸部五官判断量感以外，我们还要从人体骨架来判断。量感是由五官大小和身材高矮胖瘦共同决定的，骨架包括面部骨架和身体骨架（见图 1–22），这在形象管理中尤为重要。

小量感的女生，整体给人的感觉就是个子娇小，少女感强，所以服装风格要以年轻化为主，避免成熟的装扮；而大量感的女生具有成熟、稳重的气质，很适合大气的风格。还有整体比例很适中，符合标准型的女生，可以打造多种风格。除此之外，脸部和身体量感有冲突的，要多方面考虑再进行搭配。

综合判断一下你的量感：

A. 脸庞较大，五官存在感强，身体骨骼粗大，成熟感强，为大量感。

B. 小脸庞，五官偏小，身体骨骼细小，看起来比较小巧，为小量感。

C. 脸庞与身体高矮胖瘦适中，没有太明显的特征，为中量感。如果头身比例不一致，需要综合考虑。

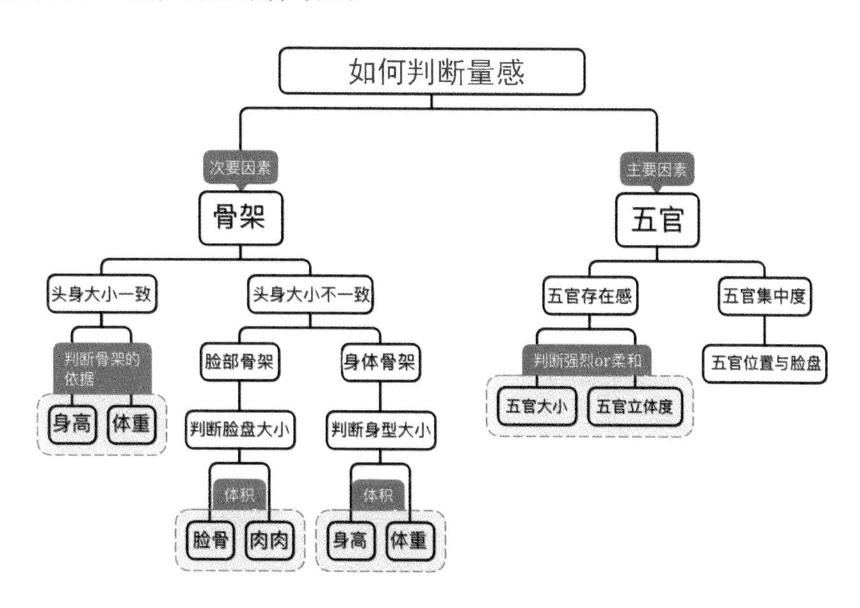

图 1–22 **整体量感分析**

当我们了解自身的量感是大还是小后，服装轮廓也要选择与自身量感大小相匹配的，这样给人的感觉才是整体和谐的，就不会像是穿了别人的衣服。例如，当我们出门的时候通常都要打扮一番。在选择服装时，如果衣服上有图案的话，选大图案的好，还是小图案的好呢？这时候就可根据自身的量感来选择，比如瘦小的人图案花型宜小不宜大。脸上也要修饰一番，画个淡妆还是浓妆呢？眉眼比较柔和的人，妆容也要清淡些。饰品是大好还是小更好？这些都要考虑自身的量感进行搭配。以上这些都是我们要加以考虑的因素，它们的选择取决于我们的形象中很重要的一项因素——量感。

小量感的女生，匹配小量感的服饰；中量感的女生，就匹配中量感的服饰；而大量感的女生，很适合匹配大量感的服饰。掌握此规律就很容易找到自我风格。

通过上述测量，如果是 A 选项居多，就是属于大量感；如果是 B 选项居多，就属于小量感；如果是中量感，那么就是 C 选项居多，或者是 A 和 B 选项一样多。

总结 ZONGJIE

女生个人量感总体分析小结。

（1）五官内部眉、眼、鼻、嘴的比例大小是（　　）。

A. 大　　B. 小　　C. 中间

（2）五官分布的中庭长短是（　　）。

A. 长　　B. 短　　C. 中间

（3）脸部外轮廓的存在感是（　　）。

A. 脸庞大，线条硬朗

B. 脸庞小，线条柔和

C. 大小适中，曲直兼备

（4）身体量感是（　　）。

A. 骨架大　　B. 骨架小　　C. 中间

（5）脸部与身体综合判断是（　　）。

A. 夸张立体　　B. 平淡柔和　　C. 适中

（二）量感大小着装要领

1. 适合小量感的人着装要领

（1）小量感特征：骨架小巧，给人玲珑、娇小的印象。

（2）服饰特征：形——小；色——浅；质——轻薄。

从服装的外轮廓来判断，越短、越小、越紧的服装，量感就越小。从服装的面料上来判断，越轻薄的服装，量感就越小，比如真丝面料。从服饰图案判断，应选择小巧的、细碎的、稚气的（如字母、卡通、数字图形），图案排列适合散点装饰，适合遍布全身、有秩序的图案，如全身小碎花、波点，更能体现出灵动感，如图 1–23 所示。

图 1–23　适合小量感风格设计示例

2. 适合大量感的人着装要领

（1）大量感特征：骨架大，给人粗犷、霸气的印象。

（2）服饰特征：形——大；色——深；质——厚重。

从服装的外轮廓来判断，越长越宽松的服装，量感就越大；从服装面料上来判断，毛呢面料有厚重感，就为大量感。从服装设计的细节上来判断，领口、袖子、下摆、纽扣等诸多元素，都可以肉眼判定整体量感大小。大量感的人，在图案选择中有焦点装饰为宜，即图案在局部中要大些、花纹夸张些。其他配饰的判断，可以匹配大量感的配饰和包包。选择鞋子时，粗跟比细跟量感大，比如马丁靴量感大。只有大量感的人才更能驾驭好以上的风格服饰及佩饰，如图 1–24 所示。

图 1-24　适合大量感风格设计示例

四、个人动静分析

风格三元素：轮廓、量感与动静。动静就是形态，人的五官有立体与平缓之分，这决定了我们的穿衣风格。五官立体，清晰明艳动人，变化大，富有个性，更具有诱目性，眉毛多为上扬，骨骼突出，眼神犀利，比例特殊，且肤色也较不均匀，称为“动”；五官清晰，没有明显的线条，比例均衡，骨骼感适中，不强调个性，称为“适中”；五官平缓柔和，轮廓模糊、不太清晰，起伏小，对比弱，称为“静”。如图 1-25 所示。

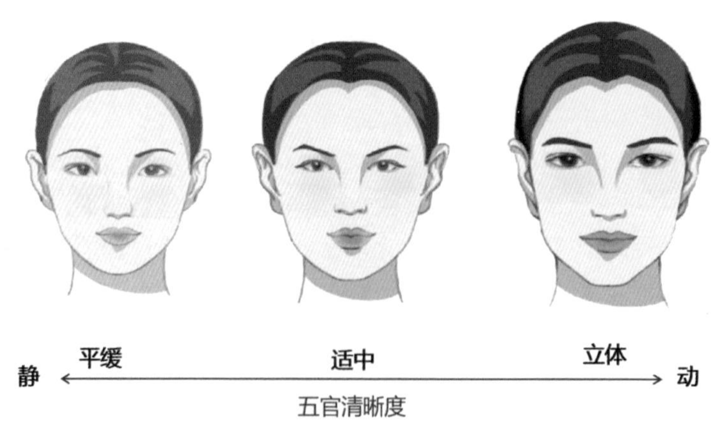

图 1-25　五官动静分析

1. 动感的人着装要领

动感设计风格：形——烦琐、多装饰、多变化；色——撞色、高纯度、强对比；质——强光泽、肌理效果明显。色彩对比度越高的越动，服装设计越复杂的越动，如图 1–26 所示。

图 1–26　适合动感的设计风格示例

图 1–27　适合静感的设计风格示例

2. 静感的人着装要领

静感设计风格：形——直线条、简洁、少装饰、少变化；色——邻近色、低纯度、弱对比；质——弱光泽、精致、光滑。色彩纯度和对比度越低的越静，设计越简单的越静，如图 1–27 所示。

总结
ZONGJIE

通过以上的分析，你是偏动、偏静还是适中？

五、确定自我风格诊断方法

我们是什么风格？关键是看面部特征（见图 1–28）。

从面部的冷暖属性来初步确定自身的风格倾向，主要有冷、暖和冷暖之间这三个类型。适合什么样的风格 90% 取决于自己的脸和身材，剩下的 10% 可能会受性格等影响，因为表情会通过眼神反映出来。值得注意的是，我们还要看发色、眉色、瞳色的深浅，毛发感轻重，再加上五官大小、皮肤的深浅、眼神的力度大小等为基础的整体感觉。

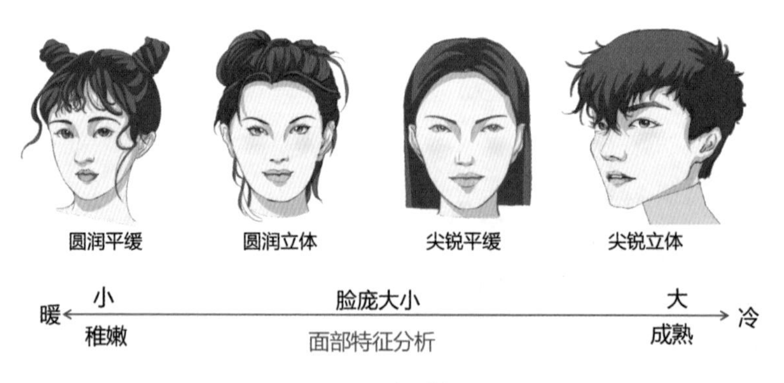

1–28　面部特征

仔细观察一下自己的面部，是倾向于扁平化还是立体化？脸形线条风格是暖还是冷？

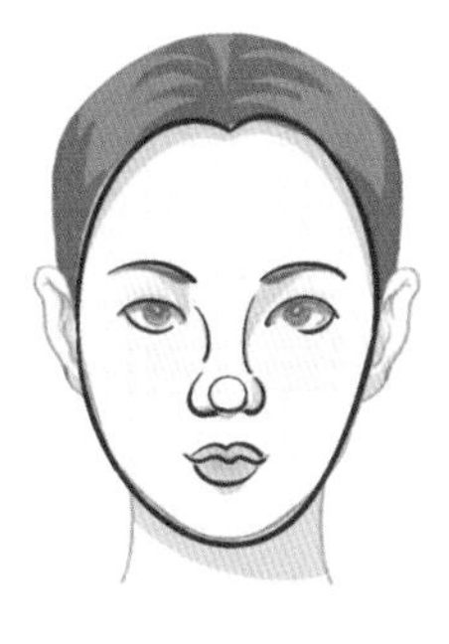

图 1-29　脸形曲直

然后再看看我们的面部轮廓、眉型、眼型、鼻子以及嘴唇轮廓，是曲线感更强还是直线感更强，如图 1-29 所示。

（一）脸部轮廓风格判断

当我们苦于找不到风格，在穿着打扮上没有展现出自己最美的一面时，判断自己的风格先从冷暖切入就会简单很多，我们可以先观察自己脸部的线条和骨骼感。暖风格的人曲线感很强，脸部轮廓非常流畅、柔和，比如太阳穴、下颌角、颧骨位置的线条感都比较圆润。风格冷暖与长相有很大的关系。

1. 暖风格

暖风格的人皮肉的包裹感比较好，骨骼感弱。圆脸、鸭蛋脸、梨形脸的女生都是曲线条的脸型（见图 1-30），这种类型有亲和力，给人温柔、阳光、没有距离之感，在穿着搭配上很适合优雅、甜美的风格。

图 1-30　暖风格脸型

2. 冷风格

冷风格的人线条更硬朗、尖锐，直线感、骨骼感强。菱形脸、方形脸、砖石形脸都是偏冷风格的脸型（见图 1–31）。正面看这种类型线条的起伏比较大，转折多，看上去气场更足，干练、清冷、倔强，有距离感，甚至带着非常强烈的中性感。在服饰搭配上很适合帅气、酷感、富有个性的装扮。

图 1–31　冷风格脸型

（二）五官线条风格判断

我们分析完脸部轮廓后再看五官线条。由于耳朵所在位置比较隐蔽，眉毛又可以调整，我们主要看眼、鼻、嘴这三者轮廓。比如，图 1–32 模特的特征：眼睛大而圆，眼神又比较柔和（暖）；但鼻子小巧而坚挺（冷），上唇薄但下唇饱满（适中）。所以她的五官风格是比较适中的，如果加上脸形的外轮廓圆润，肤色偏白，透出满满的元气感，她整体偏向暖风格。

暖风格的女生适合甜美风格的装扮，如果不太想显得太稚嫩，也可往甜酷的风格去穿着。图 1–32 的模特由于皮肤比较白皙，服装色彩方面选用靓丽的颜色更能衬出好的气色，不宜穿着色彩厚重感强、肥大款式的服装，那样很容易显得成熟、老气。

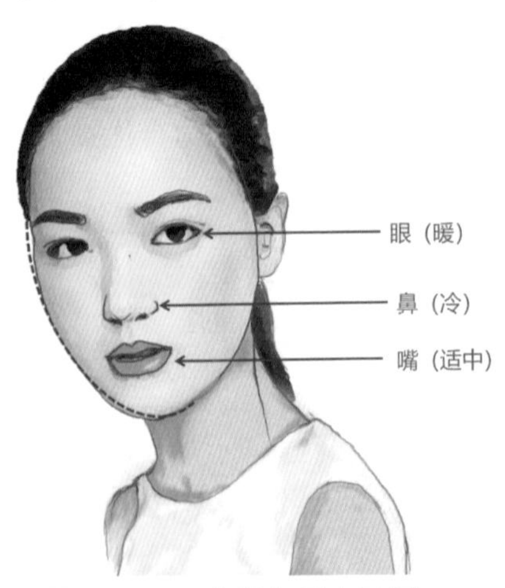

图 1–32　五官线条适中示例

总结
ZONGJIE

通过以上的诊断，你的风格是冷、是暖，还是适中呢？

（三）五官比例成熟度判断

判断好五官的冷暖之后，我们再来判断成熟度。先看看五官的具体比例，即“三庭”长短，这和量感有很大的关系，了解“成熟度”这个指标，可以让我们的风格定位更加清晰。中庭短、小脸、小五官会显幼态；中庭长、大脸、大五官就会显得成熟。如图 1–33 所示。

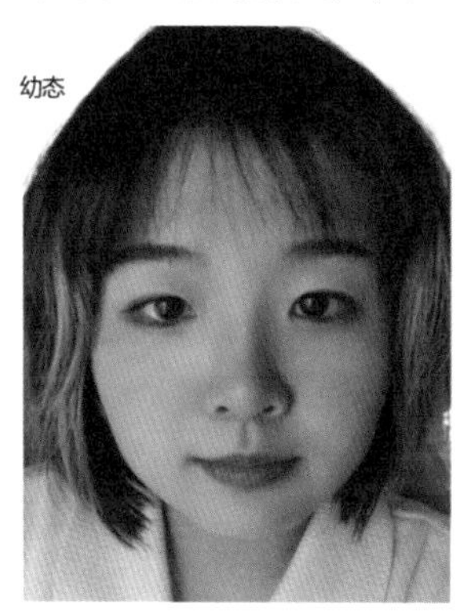

图 1–33　成熟度对比

幼态感强的人以青春、富有朝气与活力的着装风格为主；而成熟感强的人，更适合端庄稳重、优雅知性的风格。如图 1–34 所示。

图 1–34　成熟度与着装风格示例

总结
ZONGJIE

通过以上的诊断，你的五官比例是偏幼态还是偏成熟呢？

六、个人专属风格定位

风格定位就是先要了解自己，这样才能找到真正属于自己的风格。其实就是常说的那句话“适合自己的就是最好的”。挑选的衣服和妆容，一定与要去的场合、身材、气质相匹配，这样才能更好地展示个人魅力。

（一）坐标量化人物风格（见图 1–35）

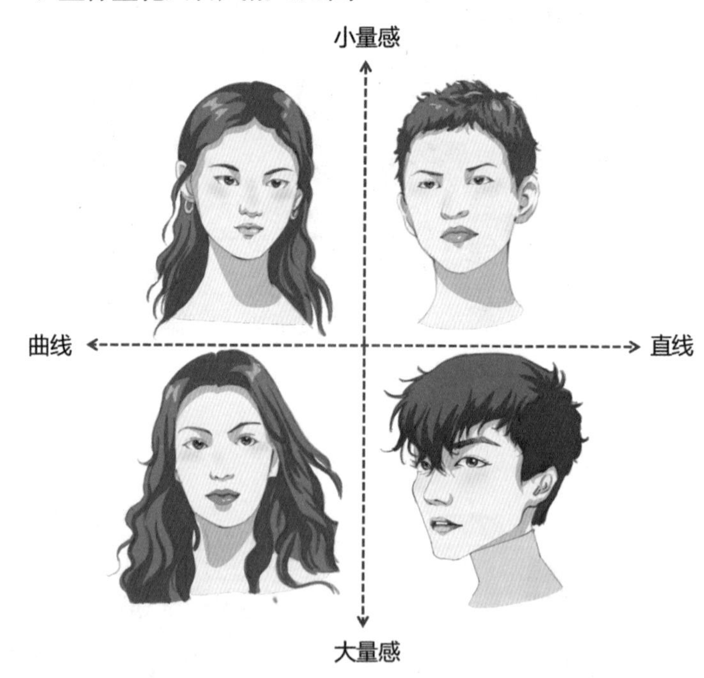

图 1–35　个人专属风格坐标

表 1–1 是一套专业形象设计师判断顾客个人专属风格的标准，具体包括 16 项定位。

表 1-1　个人专属风格定位

人物轮廓横坐标	曲（-1）	中0	直（1）	人物量感纵坐标	小（1）	中0	大（-1）
肤色色相	暖	中	冷	肤色深浅	浅	中	重
脸部轮廓	偏圆型	中	偏方型	脸部量感	细小	中	粗大
脸部平衡	离心	中	向心	脸部纵向	短	中	长
眉峰轮廓	曲线型	中	直线型	眉毛量感	细淡	中	粗浓
眼睛轮廓	圆润型	中	细长型	眼睛量感	跳跃	中	稳重
鼻子轮廓	细软	中	粗硬	鼻子量感	短小	中	长粗
唇峰轮廓	柔和	中	硬朗	嘴唇量感	小薄	中	宽厚
肩部轮廓	窄、薄	中	宽、厚	手腕的周长	小于14	中	大于15
分数统计				分数统计			

（二）人物风格自我分析

1. 肤色色相

对肤色色相进行分析判断自己是暖皮还是冷皮。暖皮是偏黄底调，冷皮是偏蓝的青色底调，而中间型的人是冷暖都具有的，如图 1–36 所示。

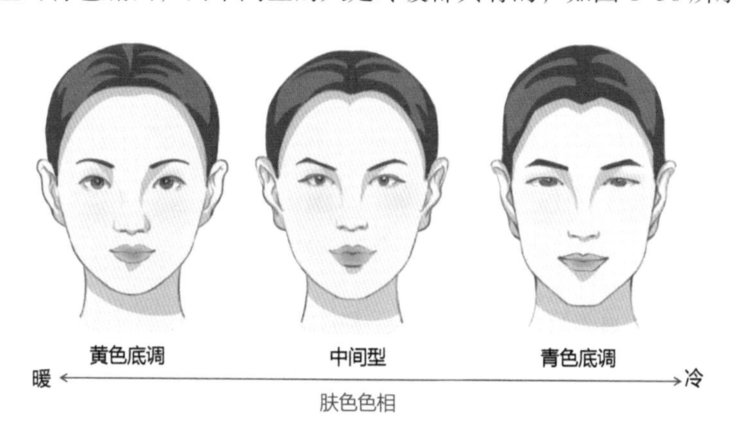

图 1–36　肤色色相

2. 肤色明度

肤色明度就是肤色的深浅度，进行判断时主要考虑个人肤色是偏白、偏黑，还是处在两者之间，如图 1–37 所示。

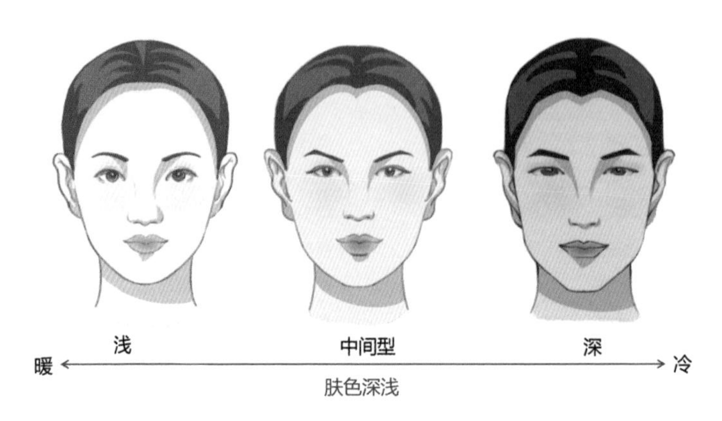

图 1-37 肤色明度

3. 脸部轮廓

脸部轮廓通常指的是脸部的外缘线。通过脸部轮廓的判断我们会得出直线型、曲线型和中间型，如图 1-38 所示。脸部轮廓的直曲判定对后面发型的选择是非常重要的。

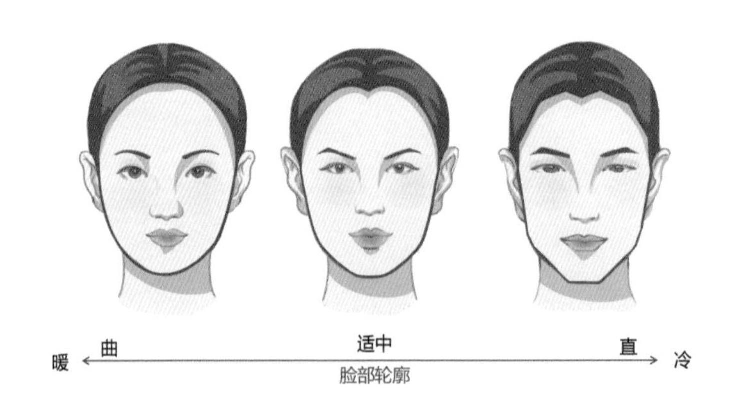

图 1-38 脸部轮廓

4. 脸部量感

脸部量感是指脸部轮廓的清晰度。脸部偏小而圆润是柔和的量感，属细小型；偏宽是硬朗量感，属粗大型；两者之间的为中间型。如图 1-39 所示。

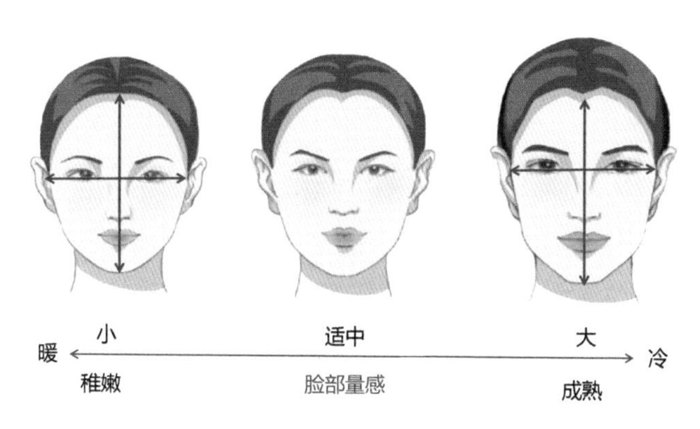

图 1-39 脸部量感

5. 脸部水平平衡

脸部水平平衡指的是两眼之间的距离，较宽为离心型，较近的为向心型，两者之间为中间型，如图 1-40 所示。

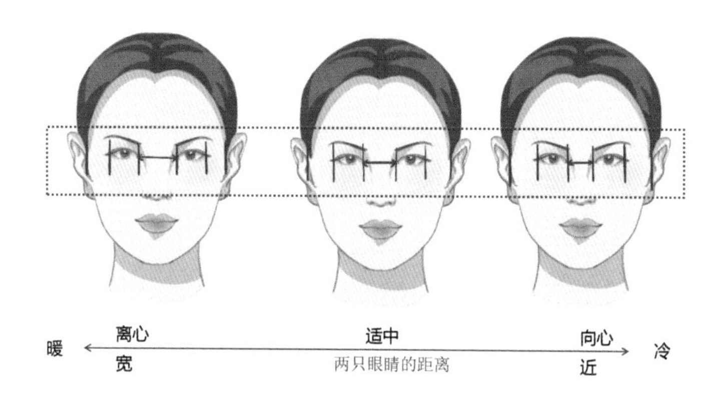

图 1-40 脸部水平平衡

6. 脸部垂直平衡

脸部垂直平衡指的是眉心到鼻翼下缘的距离，向心型垂直距离较短为柔和型，离心型垂直距离较长为硬朗型，两者之间为中间型，如图 1-41 所示。

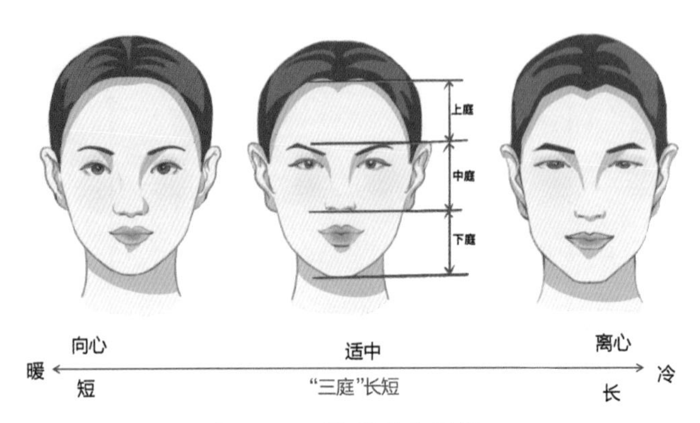

图 1-41　脸部垂直平衡

7. 眉形轮廓

眉形主要判定的是眉形是直线型、曲线型或者中间型。判定眉形是直还是曲主要参考眉头到眉峰的距离，距离大为直线型，没有眉峰为曲线型，两者之间为中间型，如图 1-42 所示。

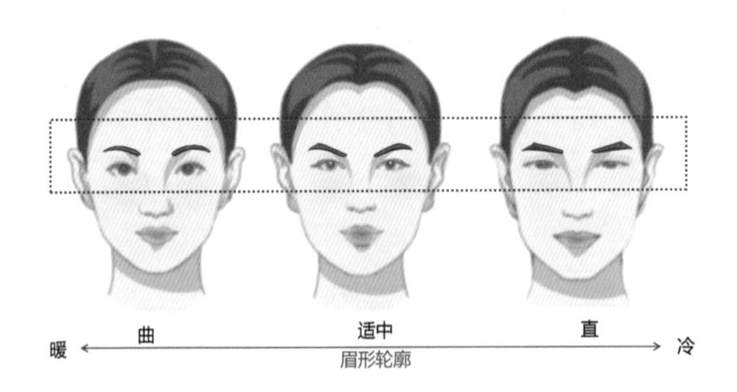

图 1-42　眉形轮廓

8. 眉毛量感

眉毛量感是指眉毛的清晰度，一般情况下眉毛量少的为柔和型，深粗为硬朗型，两者之间为普通型，如图 1-43 所示。

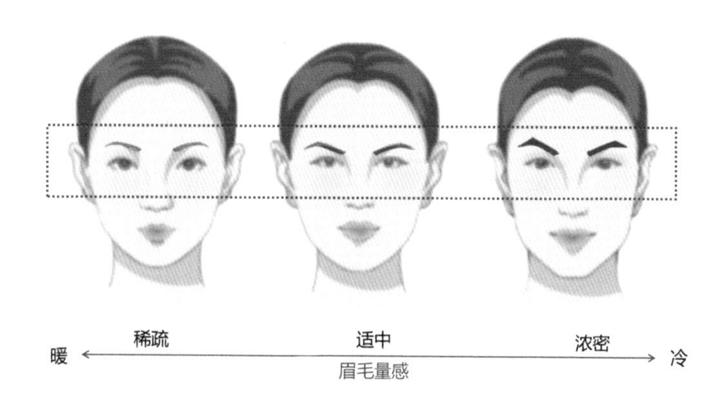

图 1-43　眉毛量感

9. 眼睛轮廓

眼睛轮廓指眼部的线偏直线型、曲线型或者中间型，一般情况下大而圆的眼睛为曲线型，细而长的丹凤眼为直线型，两者之间为中间型，如图 1-44 所示。

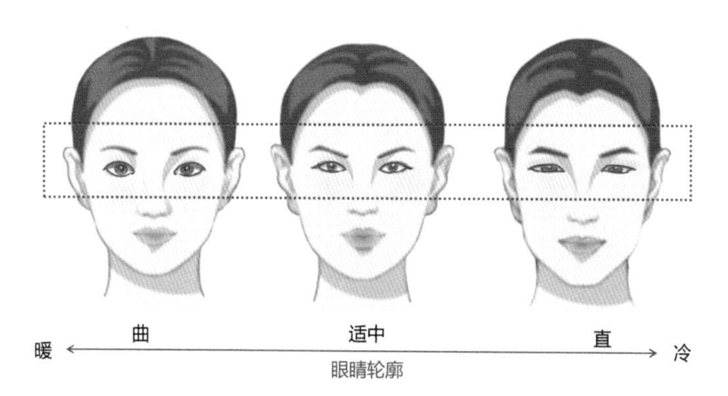

图 1-44　眼睛轮廓

10. 眼睛量感

眼睛量感是指眼睛大小及活跃度，一般情况下眼神跳跃感强，多表现为活泼可爱型，为轻量感；眼神沉稳又安静，有距离感，为重量感；两者之间为中间型。如图 1-45 所示。

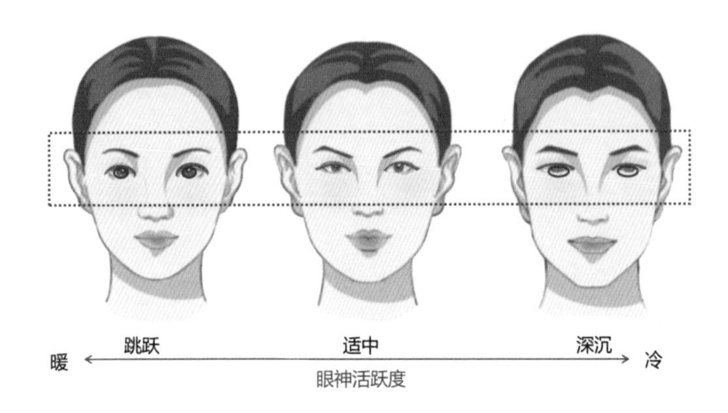

图 1-45 眼睛量感

11. 鼻线轮廓

鼻线轮廓是指鼻梁是直线还是曲线，一般情况下鼻子线条直的为直线型，鼻子圆润的为曲线型，两者之间为中间型，如图 1-46 所示。

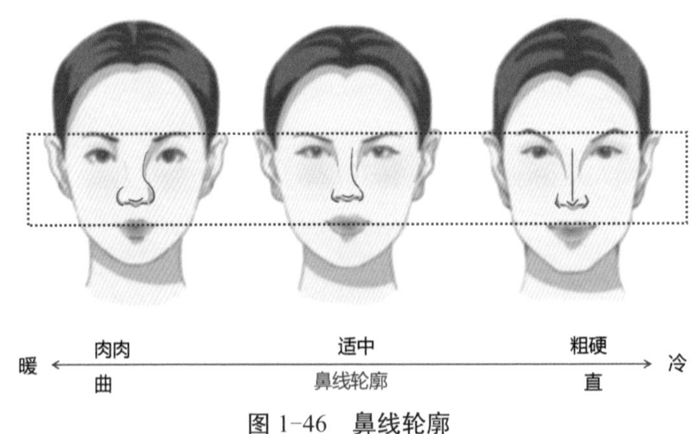

图 1-46 鼻线轮廓

12. 鼻子量感

鼻子量感指的是鼻线的清晰度，我们主要观察鼻梁侧面效果。直线型：直高为硬朗型，直低为柔和型。曲线型：曲高为硬朗型，曲低为柔和型。两者之间为普通型。如图 1-47 所示。

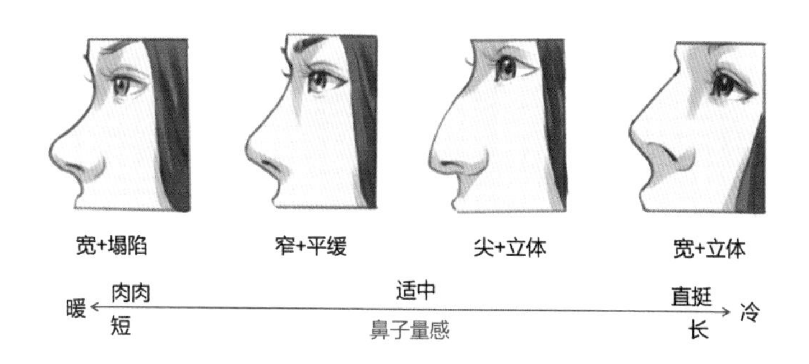

图 1-47　鼻子量感

13. 嘴唇轮廓

嘴唇轮廓是指按嘴唇的形状把嘴唇定为曲线型、直线型以及普通型，唇部的特征一般而言，厚唇为曲线型，薄唇为直线型，两者之间为普通型，如图 1-48 所示。

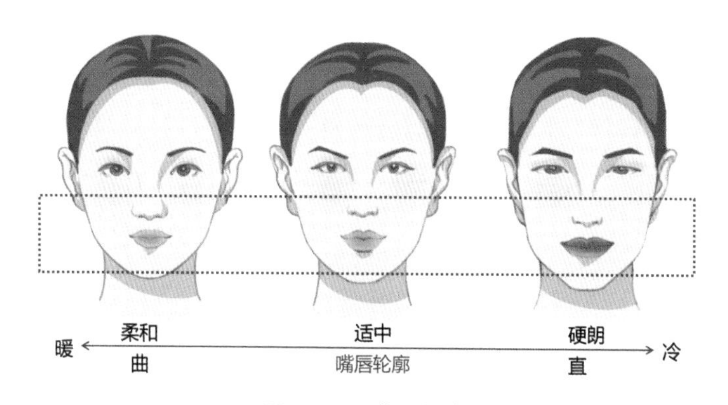

图 1-48　嘴唇轮廓

14. 嘴唇量感

嘴唇量感以嘴唇的大小划分最为合理，曲线为柔和型，直线为硬朗型，两者之间为普通型，如图 1-49 所示。

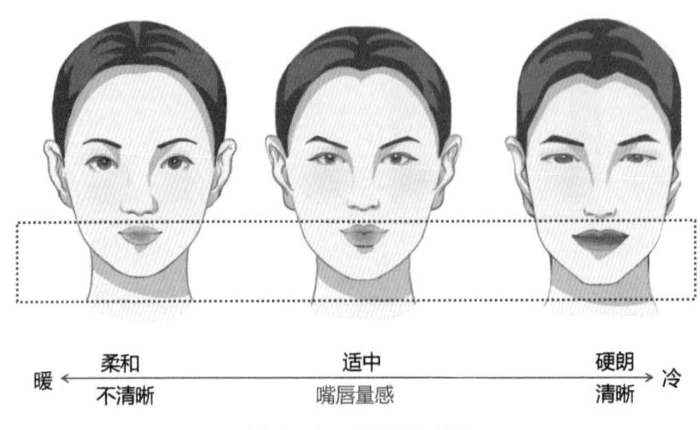

图 1-49　嘴唇量感

15. 肩部轮廓

肩部窄而薄为柔和型，肩宽而厚为硬朗型，两者之间为中间型，如图 1-50 所示。

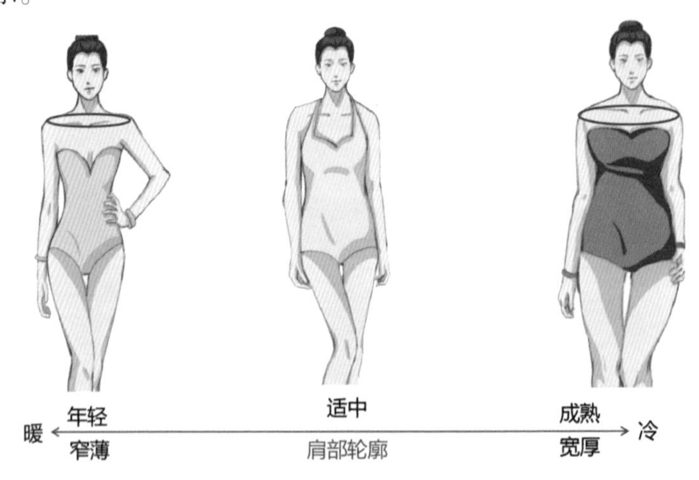

图 1-50　肩部轮廓

16. 五官骨骼的评估方法

五官骨骼可以通过手腕的周长来衡量，因为手腕骨骼的大小基本能代表身体骨骼大小，一般身体骨骼大的人五官骨骼也偏大，反之五官骨骼就偏小。手腕围度大于等于 15 厘米为大量感，小于等于 14 厘米为小量感，如图 1-51 所示。

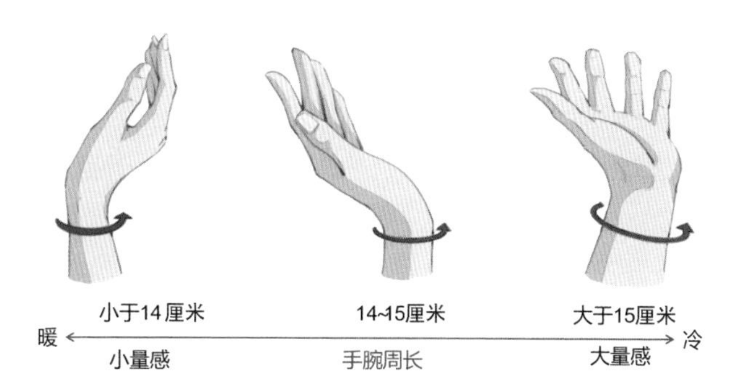

图 1–51　手腕周长评估

人物风格自我判断结论如图 1–52 所示。

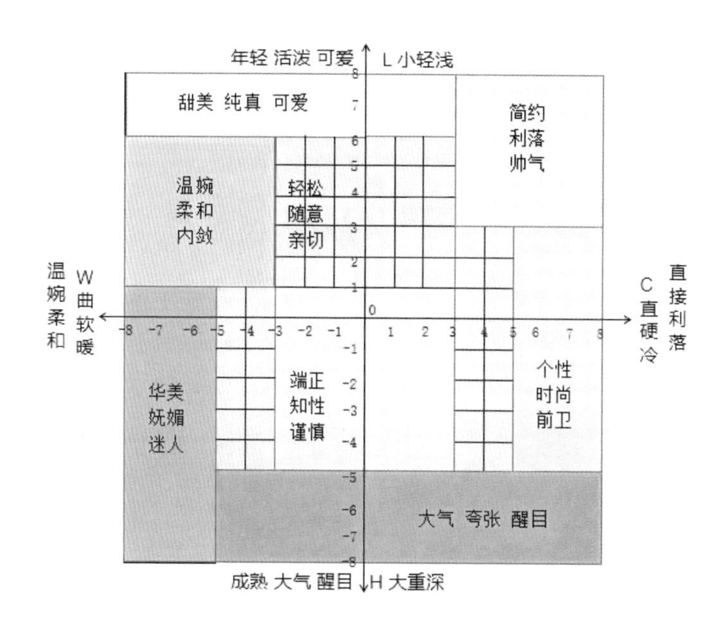

图 1–52　人物风格图表

总结
ZONGJIE

通过以上的诊断，结合人物风格图，找出你对应的风格。

（三）根据风格选择发型

选择发型就如同给脸部穿衣服一样，要结合自己的脸型、量感、气质等诸多方面加以考虑，发型对塑造人物风格尤为重要，选择不同的发型会展现不同的风格。只有符合自身特点的发型，才能呈现更好的效果。如曲线感强的人，其发型也适合有曲度感的，这样和自身风格比较协调；脸盘比较小，五官又很清秀的人，也不适合厚重蓬松的发型，那样会显得老气，有违和感。

1. 九型人物风格与发型风格要领（见图 1–53）

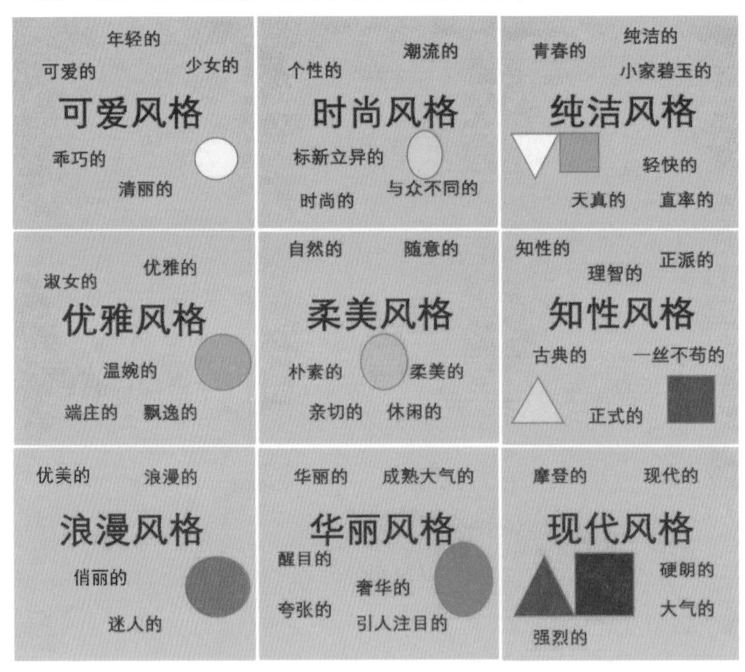

图 1–53　九型人物风格与发型风格

2. 根据脸型选择发型

每个女生都有过这样的经历，就是在选择发型的长短时容易产生困惑。那么，有没有一种更为简单的方法给出指导建议呢？法国美发大师根据多年的经验，总结出一套理论，就是根据脸形的长短来选择发型的长短。这个方法还是比较科学的，即 2.25 英寸（5.7 厘米）黄金定律：耳根到下巴的垂直距离不超过 5.7 厘米适合短发，超过 5.7 厘米则适合长发，如图 1–54 所示。

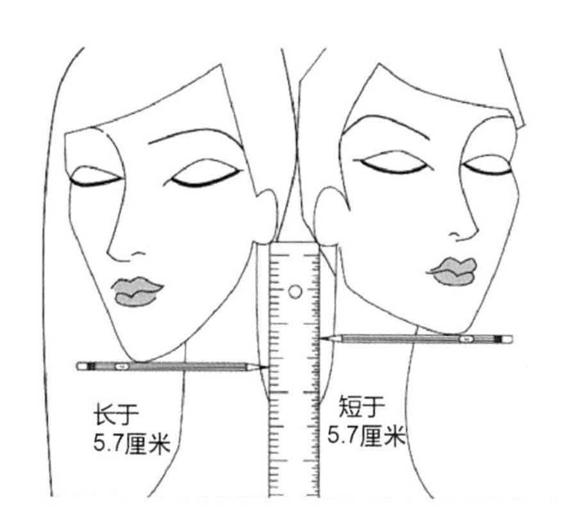

图 1–54　2.25 英寸（5.7 厘米）黄金定律

3. 根据气质选择发型

选择一款适合自己的发型可以为整体造型加分，而一款糟糕的发型则有可能“毁人不倦”，即使天生丽质，发型选错一样不能突显气质。无论每个人留什么发型，最重要的就是要与自己的气质相匹配。美不是盲目追随潮流，而是要找到符合自身的风格，从而达到和谐的最佳状态，这样才能真正展示自己独特的魅力。

清纯可爱的少女感与美艳的成熟感，她们有着不同的风格，如图 1–55 所示。

图 1–55　人物风格分析

例如，张同学与李同学同样都是曲线型，暖感风格很适合留长发。但小个子、面部五官偏小的张同学，她给别人的印象偏幼态感，所以她选择的发型都不能太成熟，要与她稚嫩的五官相匹配，有稀疏透气感的发型更合适她。另外，五官比例中鼻子长度对面部的量感会影响更加明显，因为鼻子长度直接影响中庭长度，而中庭长度直接影响成熟度。一般说来，中庭长的人偏成熟，面部量感也是比较重的，李同学的面部量感就偏重，很适合披肩长发，与她的大五官相协调，还可以用波浪的卷发增加量感，让自身整体气质更有张力，只有大五官和美艳型人才能驾驭好这种发型。

五官对面部量感的影响还可以用妆容来改变，化妆也能起到一种夸张立体的作用，如果面部量感整体过重或者过轻，建议根据自己的面部量感来选择妆容。李同学的五官量感偏大，适合黑发红唇这种浓郁的妆面来平衡面部量感；而五官量感小的张同学就更适合轻、薄、透的妆容。服装风格和色彩搭配也是同理。

量感还可以通过个人的气质去提升，塑造形象可以通过气质修炼，增加自信度，再穿高跟鞋等辅助提高量感，增加存在感。还有本人的状态也是非常重要的，甚至很大程度上对个人风格的评判起到重要作用。

判断题

PANDUANTI

根据以上的分析，定位出你大概属于哪种类型，并根据你的特征制订出你的专属风格。

第二章

女生服装风格搭配

判断着装风格是通过观察一个人的面部特征、身体廓形和性格特征综合形成的外在气质，用能贴切表现其个性特征的形容词加以描述，并筛选出最主要的形容词，从而判定出人物的服饰风格的一种技巧和方法。每个人都是自己的服装设计师，即使我们买的衣服相同，但是通过个人不同的审美，经过里外、上下的服饰搭配就能形成不同的着装风格。

每一个人都有自己的个性特征，只有穿着与自己个性、身材相吻合的服装时，无论出入什么样的场合，都会轻松而自如地展示个人独有的魅力。服装风格是一个人内在的审美情趣，是通过穿着打扮的外在形式表达出来的个人形象特点。目前服装风格分类繁多，因处在不同的视角，所以分类也有所不同。本书按服装设计要素进行分类，服装设计有八大风格，我们可根据自身的特点选择适合自己的风格。

一、八大服装风格分类

每一种风格都有相对应的人群，只有找到和自身条件比较吻合的风格，才有利于展示个人风采。女生八大服装风格如图 2-1 所示。

图 2-1　女生八大服装风格

轮廓与量感是反映人体重要特征的因素（见图 2-2）。轮廓有曲直之分，曲线型给人以圆润、柔和、温柔之感，直线型给人以犀利、干练、帅气之感。量感就是大小、薄厚、轻重之分。量感大的人，相对骨架大、五官大、脸庞大，通常也给人大气、成熟的感觉；而面部五官比较紧凑、脸庞小的人，通常给人娇俏、年轻的感觉，为小量感；介于二者之间的，属于中间量感。要想找到适合自己的穿衣风格，须先从轮廓与量感进行分析，只要我们找到其中的规律，再加上对五官、眉眼、表情、性格等因素进行综合分析，就很容易给自己的风格定位。

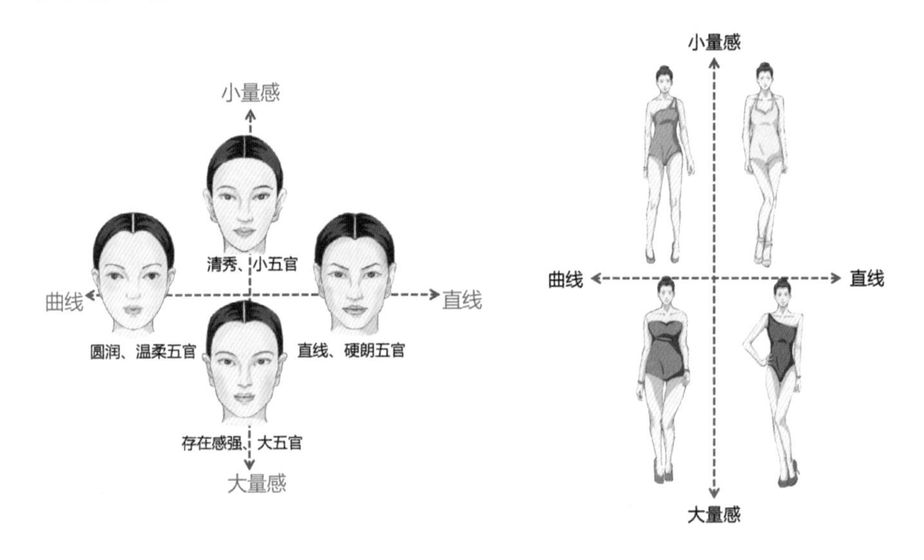

图 2-2　轮廓与量感

人的风格就是人的“型”的特征，它是由脸、身材和性格三方面综合表现出来的，其中脸部对人的“型”的特征影响占 70%，身材占 20%，性格占 10%。

1. 少女型

少女型一般不会很高，即使年龄大了，脸上也是带着一些稚气，带有某种纯真的特点。少女型的人在人群中，通常是活泼开朗的，很难猜出其实际年龄，最适合演绎当下流行的“萌妹子”。

（1）少女型特征：脸庞圆润可爱，多半是娃娃脸，五官甜美稚气，身材娇小玲珑。

（2）搭配秘诀：选择轻盈、柔美感的服饰，强调精巧、细腻的感觉，选择服装廓形时秉承穿小不穿大的原则。

（3）廓形与量感：曲线、中小量感（见图 2–3）。

（4）关键词：可爱、甜美、圆润、天真、年轻、曲线。

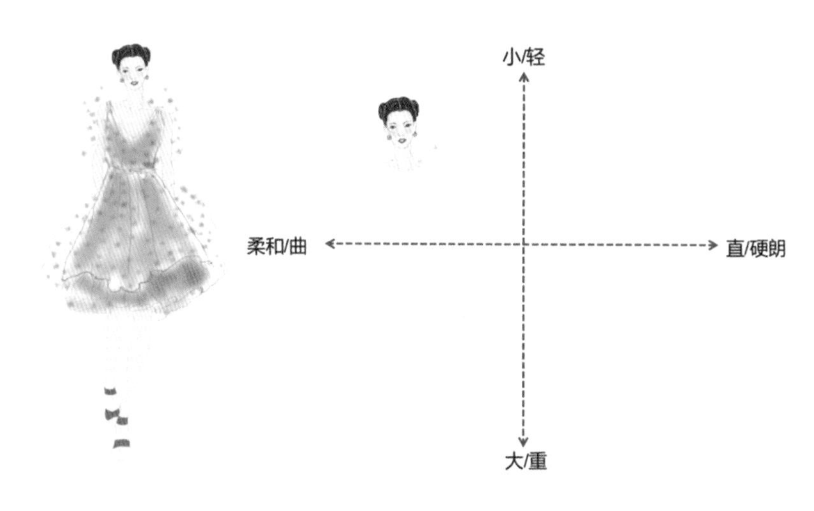

图 2-3　少女型坐标

（5）着装要点：少女型的身材多数比较娇小，所以穿衣不可太长、太大，短款为宜，以回避粗糙、生硬、老气之感。适合穿着小碎花、细棉布质地的服装，比较适合连衣裙，服装细节要带有可爱的成分，比如蝴蝶结、蕾丝花边、小圆点、小花朵图案，衣服的领子、衣襟、袖口、口袋等边缘线最好都是曲线形的，搭配小圆头、小尖圆头的鞋子（见图 2–4）。

（6）服饰搭配：

①饰品：可爱、小巧的蝴蝶结或花朵类，如一串透明玻璃珠子的项链、一对小动物的耳环，或者其他带有卡通字母、毛茸茸的配饰等。

②鞋包：圆头的带有可爱装饰的皮鞋、中跟浅口鞋，有蝴蝶结装饰的包袋。

③化妆：淡妆为宜，用色尽量柔和，强调睫毛和嘴唇是少女型妆容的重点。

④发型：直发、小毛卷、编发、马尾、刘海。

图 2-4 少女型着装示例

2. 优雅型

优雅型带有较浓郁的女人味，这样的女生柔而不媚，优雅又温婉，服装品位与搭配要注重细节。

（1）优雅型特征：五官线条柔和，淡眉淡眼，眼神温柔细腻，身材适中、秀气、圆润。

（2）搭配秘诀：服装廓形偏曲线的、柔美的、轻盈的、雅致的。

（3）廓形与量感：曲线、中量感（见图 2-5）。

（4）关键词：优雅、温柔、精致、成熟、曲线。

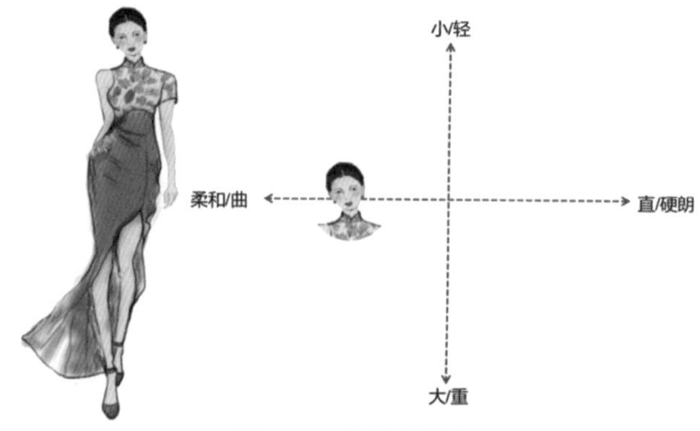

图 2-5 优雅型坐标

（5）着装要点：优雅型适合曲线、版型合体的款式和柔和的面料，上半身一定要收腰，合体贴身的腰线会让优雅型女生圆润的身材显得十分苗条，可以穿长裙，但必须是包身合体的；丝巾对这类风格的人将会起到锦上添花的作用（见图 2-6）。最出彩的衣装就是裙装了，但生硬而粗糙质地的服装会使优雅型人丧失柔美感。

图 2-6　优雅型着装示例

（6）服饰搭配：

①饰品：倾向于女性化的设计，精致而上品的金银、珍珠、水晶类饰品，最好是圆弧造型。

②鞋包：造型秀气、别致、鞋面装饰纤巧的高跟鞋；皮质柔软、做工精细的包袋。

③化妆：妆容不宜过浓，淡雅的眼影比明显的眼线更适合优雅型的女生。

④发型：有柔和感的、微卷的长发和盘发等。

3. 浪漫型

浪漫型风格的女生女人味十足，穿衣风格上属于偏成熟的类型。服装的廓形要包身或飘逸，才能很好地展示女性的魅力。这类女生往往有一种古典美，所以适合穿装饰感强的服装，展示出美艳之感。

（1）浪漫型特征：体态丰满、婀娜，容颜柔和、圆润，富有感染力。

（2）搭配秘诀：美艳、华丽、夸张，穿长不穿短。

（3）廓形与量感：曲线、大量感（见图 2-7）。

（4）关键词：华丽、夸张、迷人、成熟、曲线。

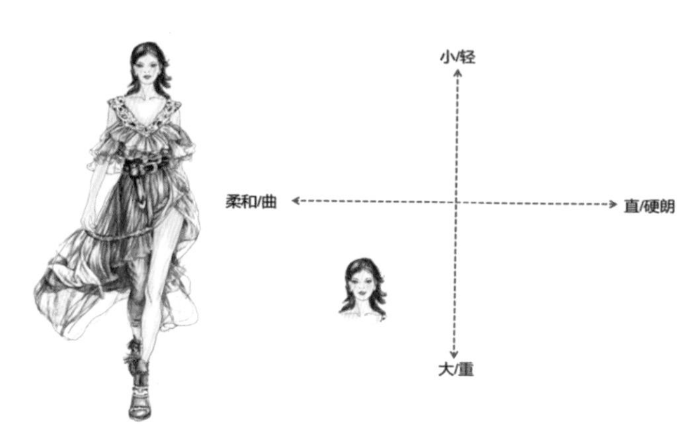

图 2–7　浪漫型坐标

（5）着装要点：浪漫型女生适合曲线感十足的衣服，可以展示自身的成熟与魅力。浪漫型属于美艳型的人，所以适合色彩饱和度高的、大花朵的衣服，花朵图案要华丽、精美；夸张的装饰也很适合浪漫型人，不过这类女生最值得注意的是要学会如何保持装扮上的“度”；最出彩的是连衣裙、晚礼服（见图 2–8）。尽量不要穿牛仔裤、休闲服、旅游鞋以及太松垮的服装，这些都展示不出浪漫型人的特点。

图 2–8　浪漫型着装示例

（6）服饰搭配：

①饰品：华丽、夸张而有品位的饰品，应该选择一些造型偏大的、亮丽的宝石和珍珠类饰品来佩戴。

②鞋包：流线型、装饰性强的细高跟鞋；适合各种绣花包、软皮包等。

③化妆：以迷人的双眼为重点，强调眼影和睫毛，唇部饱满而鲜艳。

④发型：适合有华美感的卷发。

4. 少年型

少年型风格的女生不是说长得像男孩子，是因为她们眉宇间带有一股英气，当穿着干练、帅气的衣服时更显气质，一件简单的白衬衣也能穿得特别好看，她们美得不落俗套，中性化的打扮更能衬托她们独具一格的女性魅力。

（1）少年型特征：身材、面部轮廓直线感强，五官呈锋利感，古灵精怪。

（2）搭配秘诀：直线、中性、率直、活泼、干练、与众不同的。

（3）廓形与量感：直线、小量感（见图 2–9）。

（4）关键词：帅气、干练、利落、中性、年轻、直线。

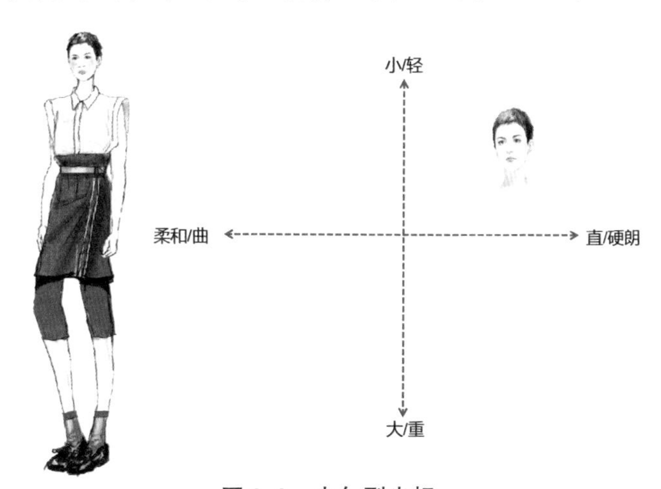

图 2–9　少年型坐标

（5）着装要点：少年型风格适合短小、精干的衣着，服装不能太过长、大，有明线做工的小西装领套装、小牛仔裙、小皮夹克，带很多金属装饰的工装裤都适合她们；只有穿着简洁、利落又有个性风格的服装更能彰显她们的气质；最出彩的衣装为中性的装扮（如图 2–10 所示）。少年型避免太宽松、拖沓和曲线感太明显的服装，如荷叶边、大花朵等过于女性化和装饰感强的搭配。

图 2-10　少年型着装示例

（6）服饰搭配：

①饰品：别致的几何形耳环，带有现代气息和中性化造型的时尚项链、手镯是适合她们的饰品。

②鞋包：中性中跟的方口皮鞋，单带长挎包。

③化妆：妆面不要过度用色，眼影与眼线稍作强调即可。

④发型：最适合超短发、直发。

5. 自然型

自然型的人具有洒脱、大方、亲切、干练、淳朴、随和的感觉，就像邻家小妹一样，无拘无束，举手投足间不刻意做作。这类型的女生可以把休闲装穿得很潇洒。通常会让人觉得她们是一群“关不住”的女孩儿，所有的美蕴含在随意中，有很亲切的自然感，北方人这种风格居多。

（1）自然型特征：身材直线感强、有运动感，肌肉结实，有运动员气质，潇洒、天然，没有太多的华丽感，眉眼平和，面部轮廓及五官线条柔和但呈现直线感。

（2）搭配秘诀：随意、大方、宽松的，不适合过多的装饰。

（3）廓形与量感：直线、中量感（见图 2-11）。

（4）关键词：随意、亲切、朴实、潇洒、成熟、直线。

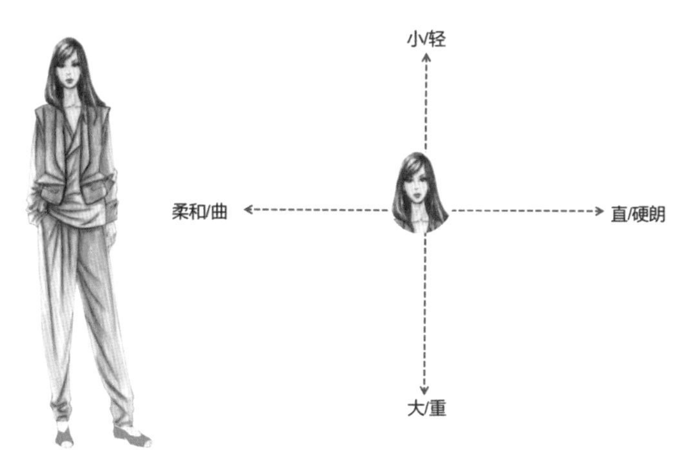

图 2-11 自然型坐标

（5）着装要点：自然型穿衣就要随意大方，这样更能穿出洒脱的感觉，如棉、麻等各种天然面料都是自然型服饰的首选，皮革或磨砂皮也在选择之列。服装的裁剪要简洁大方、宽松舒适，回避拘谨、小气、刻意之感。随便一条直腰身的长裙都可以穿得很漂亮，裤型最好是略宽松的直筒裤，不适合标准的西裤型。图案最好是随意的、朴实的花纹，格子、几何、动物纹图案都很适合自然型（见图 2-12）。自然型很适合穿着休闲装，华丽而夸张的服饰是自然型人的天敌。

图 2-12 自然型着装示例

（6）服饰搭配：

①饰品：浓重而质朴的木制、铜类、铁类、自然石类等材质的饰品，都能突出自然型女生的朴实，她们也适合异域风格造型款式的饰品。

②鞋包：随意的便鞋，休闲类的编织包袋。

③化妆：自然的淡妆。

④发型：在风中飘动的、线条流畅的长发，松散的发型最适合自然型。

6. 前卫型

前卫型的女生，年轻、个性、时尚，有自己独特的风格，强调的是个性，突出的是自我表现力，具有敏锐的洞察力，任何时候都走在时尚的前沿，她们总能跟随时代的气息大胆地创新，装扮怪异而出人预料。

（1）前卫型特征：大多是身材小巧、骨感强的女生，少部分有高大的身形，但脸盘都不大，五官特征明显，长相与众不同，看起来要比实际年龄小；性格开朗、革新，甚至有些叛逆。

（2）搭配秘诀：追求个性、标新立异、叛逆、时尚的。

（3）廓形与量感：不限（见图 2–13）。

（4）关键词：个性、时尚、标新立异、古灵精怪、年轻、直线。

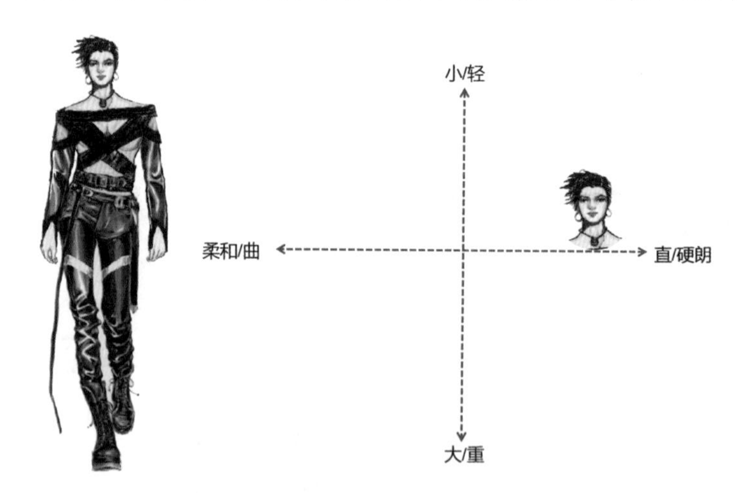

图 2–13　前卫型坐标

（5）着装要点：前卫型女生的百变是她们的优势，着装上可以装扮很多反差感很强的形象，也是最好买衣服的类型，只要存在变化，不中规中矩就不会难看。在发型和服饰的选择上要强调直线感，不要过多的曲线感，否则会显得臃肿和老气。服饰的细节要有变化，例如不对称、斜衣襟等，要大量运用当季的流行元素，这类型的女生几乎不挑面料，色彩要有冲击力，以深色为宜（见图 2–14）。前卫型避免平庸、不成熟、可爱的服饰风格。

图 2–14　前卫型着装示例

（6）服饰搭配：

①饰品：醒目的饰品，带有现代气息、中性化造型、造型怪异的项链和手镯，动物图案的耳饰，独特的墨镜、皮带，等等。

②鞋包：各种时尚、硬朗的靴子，色彩跳跃的鞋；带铆钉金属装饰的包袋。

③化妆：夸张的妆容，鲜明而时尚打造立体效果。

④发型：最适合超短发、奇特的发型。

7. 古典型

古典型又称为传统型、保守型，给人的整体印象是端庄、稳重、精致、严谨、高贵、脱俗的，成熟且高雅，多为冷艳美女，追求高品质的穿搭，第一印象给人一定的距离感，有着贵族般的气质。

（1）古典型特征：身高适中，身材以直线为主；五官端庄、精致；气质稳重、知性，有一种都市女性成熟而高雅的味道。

（2）搭配秘诀：正统、知性、一丝不苟、合体的。

（3）廓形与量感：直线、中量感（见图 2–15）。

（4）关键词：端正、正统、精致、高贵、成熟、直线。

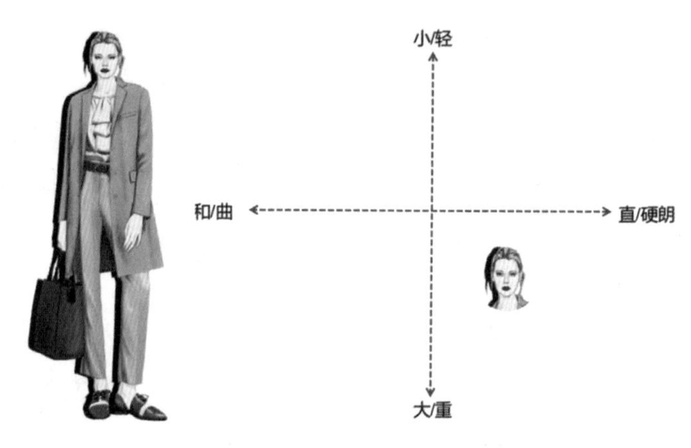

图 2–15　古典型坐标

（5）着装要点：古典型女生的打扮要求正统、上品，始终都保持着整洁、规范、干净的着装与容颜，能把正规的套装穿得神采飞扬，服装要合体，偏理想化或淡雅的色彩较适合她们；适合高档精细面料，如丝、缎、羊绒、细呢、羊皮、细牛皮等。这类型的女生穿成熟的服装不显老，以端庄、成熟、合体、上品的为佳（见图 2–16）。但古典型穿上松松垮垮的运动服与休闲装就会一塌糊涂，应回避休闲、可爱、过于夸张的装扮。

（6）服饰搭配：

①饰品：大小适中且精致的饰品能烘托古典型女生高贵而稳重的气质。

②鞋包：适宜穿质量上乘的半高跟鞋，少穿平底鞋；适合品质精细的真皮且装饰少的包袋，包带不能过粗。

③化妆：精致、细腻而干净的妆容。

④发型：修剪整齐的、一丝不苟的发型，中规中矩符合古典型的严谨风格。

图 2-16 古典型着装示例

8. 戏剧型

戏剧型的女生就像人群中的“大姐大”，通常是个子较高，骨架大，五官分明，视觉冲击力强，存在感强，看起来比同龄人成熟，比自己实际的身高要显高。这类型的女生很容易形成磁场，在那些华丽、隆重、盛大的场合下很容易成为焦点。

（1）戏剧型特征：身材高大，有个性，存在感强，量感大，给人成熟、夸张的印象；脸部轮廓分明，量感十足，五官夸张而立体，有着高鼻子大眼睛，具有感染力；也有的小鼻子小眼睛，古怪精灵，与众不同，看起来非常有特点；说话时有丰富的肢体语言，生活中具有强烈的表现欲。

（2）扮靓秘诀：成熟、夸张、大气的，穿大不穿小。

（3）廓形与量感：直线、大量感（见图 2-17）。

（4）关键词：夸张、大气、醒目、有存在感、成熟、直线。

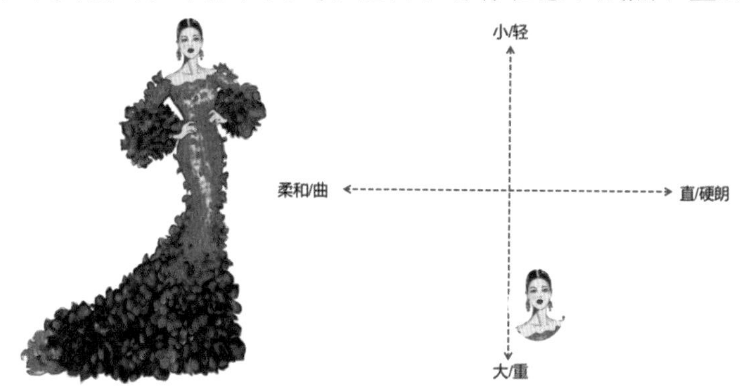

图 2-17 戏剧型坐标

（5）着装要点：

戏剧型女生很适合特别夸张、与众不同的着装风格，曲线与直线的裁剪都适合她们，永远要突出个性，要选择宽大的外套等各类时髦而富有张力的款式；在图案上用色斑斓，几何类图案、夸张的花纹、抽象类图案都是最佳选择，如皮草、大脚裤、风衣、大衣的服装款式，服装宜大不宜小，以直线条为主，适合夸张的男性化的服装（见图2-18）。戏剧型应回避中庸、不成熟、可爱、柔弱的装扮。

图 2-18　戏剧型着装示例

（6）服饰搭配：

①饰品：适合具有时髦的现代气息、偏大而夸张、更能吸引人目光的饰品，如大珠子、大戒指，铁链式、各种金属的项链。

②鞋包：适合材质硬朗的鞋子；选择硬直牛皮、宽大直线的包袋为宜，要具有夸张而醒目的特点。

③化妆：突出个性的妆容，用色可以略浓重夸张，强调立体感，不必去追随平凡的妆面。

④发型：选用极端的发型，板寸、挑染、长款的大破浪都能尽显张力，不适合中规中矩的发型。

思考题
SIKAOTI

根据以上的讲解对号入座，判断你是哪种风格类型。

二、女生服装单品必备

大家是否会有这样的体会呢？对于女生来说，不管有多少件衣服，都似乎感觉永远少一件。那是因为之前太爱买太过时尚的服装款式，它们会存在普遍的缺点，就是容易过时。如果把简约的基本款作为基础，然后再根据每年的流行元素添加几件单品与配饰，进行优化组合，也能穿出时尚感。之所以称为基本款，是因为它们符合合理的廓形设计，款式简单而实用，可以说是永恒的经典款式，不受潮流限制，穿着概率更高，这样穿搭时就会更加得心应手，能体现出自身的气质。

值得注意的是，我们不要总是买相似的衣服，比如说平时喜欢穿得比较休闲，自己衣柜里就全是休闲服，这样的话，一旦遇到正式场合当然没衣服穿了。每个人应该学会理智地添加服装的种类，计算一下在各种场合穿着的概率，而且还要考虑相互搭配的问题，出席各种场合就都能应付自如了，而且还能穿出不同的风格。

服装款式千变万化，但每个人都应该准备一些最基本款的服装，因为它们款式简单且实用，不刻意的时尚是时装中最长久的。“基本款”就是好搭配而且出镜率高的服装。它适合各种身材，款式经典、颜色百搭、风格大方（没有明显的风格细节，或者说可以搭配各种日常的风格）。

在衣橱规划中，慢慢构建好基础款式的、适合各种场合的服装，这样在出席工作、社交、娱乐等场合时都会有衣服穿。另外，很多女生都不愿意在服装搭配上花太多时间，因此穿起来方便的服装单品，让我们不必在穿搭上太费心思，而且还能非常得体。这里给大家推荐 15 款单品（见图 2-19），可根据不同的场合相互搭配，这样就可以满足各种环境的着装要求了。

图 2-19　15 款必备服装单品

（一）整身

1. 连衣裙

必备理由：方便指数最高

连衣裙是此类服装品种的总称，居女生衣柜里必备的服装单品之首。连衣裙在各种造型中被誉为“时尚皇后”，是变化莫测、种类最多、最受青睐的服装款式。

连衣裙的上半身和下半身可以有多种款式变化，不同的款式就有不同的风格，可淑女，可文艺，可休闲（见图 2-20）。任何体型的人，都可根据身材和气质选择一款适合自己的连衣裙。一件式连身裙是女生最经典的服装，它的时髦指数与方便指数是最高的，女生的衣柜里当然不能缺少它。

连衣裙从服装廓形来说，不同的廓形就有不同的风格：S 型连衣裙，能完美地贴合身形，能够将凹凸有致的身材呈现出来，通常能给人知性、干练的视觉印象；H 型的连衣裙，给人以休闲及舒适的感觉；A 型连衣裙，能给人减龄和修饰身材的视觉效果；X 型连衣裙，美丽大方又优雅。

2. 小黑裙

必备理由：永远的优雅

小黑裙（见图 2–21）是每个女生衣柜里不可缺少的服装单品之一，没有任何一件单品可以撼动小黑裙的地位，它给予女性更高的自由度和舒适度，被称为“优雅的理想制服”。小黑裙有着像男装一样简洁的廓形，它展现着女性的力量与自信。“万能”的小黑裙适合在许多场合穿着。小黑裙是一件让人信赖的服装，穿上它会让女生变得充满自信和活力。

图 2–20　各种款式的连衣裙

图 2–21　小黑裙

小黑裙穿着注意事项：

（1）挑选小黑裙的时候，我们要注意两点——材质和款式，要选择简单而流畅的廓形，不要过于紧身，材质不要过于闪亮。

（2）要把小黑裙看成一幅空白的油画，而不是已经完成的作品，它需要用配饰精心搭配。

（3）小黑裙不要与保守同伍，它需要大胆的搭配，甚至需要有些冒险精神，可穿细高跟鞋，佩戴风格夸张耀眼的珠宝首饰，等等，这样它更能展现出优雅的魅力。

3. 小礼服

必备理由：华丽而优雅

礼服是女生参加重要场合必备的单品，小礼服（见图 2–22）是大礼服的缩小版，具有轻巧、高贵、美丽、优雅的特点。大礼服多是拖地长裙，穿着场合极为有限，但小礼服适合在众多场合穿着，例如宴会、生日聚会、约会、度假休闲等。当然，只有能够突出好身材的礼服才最值得拥有，否则，再华丽奢侈的礼服也只不过是一件衣服。

图 2–22 小礼服

小礼服穿着要领：

（1）款式。根据自身气质选择小礼服款式，小礼服有多种风格的设计，要适合自己的气质才能表现出最美的样子，把优势发挥到极致。例如小个子的女生穿过于隆重的礼服，其实很难驾驭，而浪漫优雅的礼服才是小个子的上上选。

（2）色彩。鲜艳的色彩很容易让人成为全场的焦点，适合长相明度高（浓眉大眼）的女生。那些够自信的女生就适合选择艳丽的色彩，而五官清秀的女生更适合穿着颜色浅淡的小礼服。

（3）要注意搭配的方法。首饰、鞋袜、包袋、发型及仪态等，都会影响整体的效果，特别要注意行为举止，这都是需要考虑的范畴，一个完美的形象需要无数细节的铺垫。

4. 风衣

必备理由：潇洒飘逸

风衣（见图 2-23）在春秋季可谓是必不可少的时尚单品，面对昼夜温差大的季节，挡风御寒又潇洒，实用性与便捷度都很强，有一件风衣外套既能满足日常的保暖需求，又能用来凹造型，突显气质。

图 2-23　风衣

风衣穿着要领：

（1）长度。在挑选风衣时首先要注重长度，对于高个子的女生来说，推荐中长款，能穿出气场，最为潇洒飘逸；小个子的女生宜穿短款，这样不会显得拖沓累赘，不会压身高，选择 X 版型的风衣，搭配高跟鞋，对于小个子女生来说是最佳的显高组合。腰线是能够划分身材比例的重要部分，因此可以通过腰带突出腰线，使人显高显瘦，轻松穿出大长腿的既视感。

（2）色彩。在色彩选择上，如果想拥有一件百搭又实用的风衣，颜色尤为重要，不同的颜色都会体现出不一样的风格，而常见的基础色就是最为百搭耐看的，比如卡其色、棕色、浅灰色等，基础色的风衣出场率很高，对肤色的要求也较低，因此驾驭难度并不大，可以很轻松地穿出时尚感。

5. 大衣

必备理由：保暖又大气

大衣（见图 2-24）承包整个寒冷季节的时尚，既保暖又高级，秋冬季节穿大衣不知从何时开始成了一种仪式感，让人落落大方的同时，也很好看、时尚。一件合适的大衣不但能改善身材比例，还显得比较知性，而且可以轻松塑造气场，是每个女生不可缺少的单品之一。

图 2-24　大衣

大衣穿着要领：

（1）款型。大衣的版型与身材有着直接导向的作用，根据身材挑选出来的版型可以更好地彰显出个性，还能起到扬长避短的作用。H 型大衣是百搭款，适合所有的身形；X 型大衣可以制造曲线感，具有较好的瘦身效果；O 型大衣整体版型偏宽松，可以转移视觉重心，非常适合上半身偏胖的女生穿着。长款大衣的收腰设计会让下半身显得更修长，尽显优雅与高贵，可搭配正装出席正式场合，就算搭短裙、短裤也一样可以时尚摩登。

（2）面料。面料的不同所带来的质感也截然不同。保暖性好的大衣能在寒冷的冬季为我们增添一些暖意，应以天鹅绒、毛呢面料为首选。

（3）颜色。在色彩选择上要是想长久百搭多选经典耐看的大地色、莫兰迪色，这些颜色饱和度低，对于大部分肤色都很友好。

（二）上衣

1. 白衬衫

必备理由：简约百搭

图 2-25 白衬衫

白衬衫（见图 2–25）虽说色彩单一，款式简单，但它早已成为时尚的“代言人”，可谓是基础款式的杰出代表，是一年四季都用得上的单品，从不会因为换季而被压箱底。白色衬衫要与其他单品相搭配才能穿出与众不同的风格，现在的白衬衫已不再是正装的专属，它可休闲，可职业，可软可硬，可帅气也可甜美。

白衬衫无论是什么样的肤色都可以穿得精神、有气质。休闲款式的白衬衫更是能够和多种单品组合，打造出不一样的风格。无论是出席正式场合，还是休闲娱乐场所，身穿一件白色衬衫永远不会落伍，真可谓简单又时尚。

白衬衫是最百搭的，可以单穿，也可混搭，可以穿出学生气，也能穿出成熟感，它是服装搭配中不能缺少的元素之一。所以，无论年龄大小，体形胖瘦，都应该具备一件简单的白衬衫，它可以驾驭任何场合。

2. 针织开衫

必备理由：混搭指数最高

针织开衫（见图 2–26）是一件利用率较高的春秋装单品，可混搭出不同的风格。如与夏天的 T 恤、吊带衫或衬衣搭配，随意轻松又有女性味道；也适合与连身裙或者是短裤、短裙、牛仔裤等进行混搭。

针织开衫可搭配出淑女、知性、休闲等各种风格，总之是百搭单品。针织开衫面料柔和，款式简单，色彩丰富，更能体现出女性的自然美。皮肤好的女生可以选择色彩饱和度高的颜色，增加靓丽感；黄黑皮的女生可选择饱和度低的中性色调，增加平和感。

图 2-26　针织开衫

针织开衫还可以进行多种不同的搭配，可以根据自己的心意进行随意的搭配，无论是裙装与裤装，都给人以温婉而优雅的感觉。针织开衫在春秋季真的会帮助女生塑造一个知性温婉的好形象。

3. 西装外套

必备理由：帅气又干练

图 2-27　西装外套

西装外套（见图 2–27）是衣柜中不能缺少的基础款之一，它是女生着装不可替代的物品。选择西装外套的颜色时，多以黑、白、灰为佳，它们适合各种场合。西装外套搭配衬衫和短裙，很适合在正式场合和节日场合亮相；而搭配 T 恤和牛仔裤，则适合平时穿着。西装外套甚至无法为它归类，而这正是它最大的魅力所在。如果想打造出充满潮流感的酷感，就选比自身的身材小一号的尺码；如果想打造出充满戏剧舞台效果的形象，就可以尝试比自身的身材大 1~2 号的款式增加气场。总之，它又是一件时尚而百搭的单品。

西装外套最大的特点，就是综合了女性干练、职业的特点。值得注意的是，内衣要合身，身体线条流畅，色彩搭配要和谐，穿着西装外套时外观一定要整洁，要烫熨平整。

4. 牛仔服

必备理由：万年不过时

牛仔的单品在日常也是最常见的，牛仔服（见图 2–28）能搭配出永不过时的风格，因此非常推荐女生们在衣橱里常备一件，不管是哪个季节去哪种场合，都能用得上。

图 2–28 牛仔服

牛仔服既有酷感又有文艺范儿，也是春秋季非常好搭的一件单品，它有英姿飒爽的风格，可以中和过于女性化的风格；可以同铅笔裤、阔腿裤、长裙、短裙等各种类型的服饰进行创意搭配。中性的牛仔外套可以穿出“男友风”，带有花纹花边的牛仔服又可以穿出“小香风”。牛仔服款式虽无多大变化，但是却能呈现出多变风格，也是一件百搭无障碍的单品。

牛仔服搭配技巧：

（1）叠穿。由于牛仔服的款式都大同小异，很容易出现撞衫的情况，这种时候就需要从其他地方做差异化搭配。春秋的气温还比较凉，单穿一件衣服过于单薄，穿两件是刚好合适的，那么就可以利用“叠穿”的方式，来打造出个性时髦的造型，比如“衬衫 + 牛仔服”“T 恤 + 牛仔服”的组合，不仅能极大地降低撞衫率，还能提高时尚感。

（2）混搭。“连衣裙 + 牛仔服”，一条柔软飘逸的连衣裙，配上硬朗直线感强的牛仔服，一软一硬的材质非常平衡。鞋子的选择方面，无论是高跟鞋还是小白鞋都具有女性的柔美又帅气的风格，洋溢着青春朝气，很有文艺范儿。

5. 卫衣

必备理由：舒适又时尚

卫衣（见图 2–29）诞生于 20 世纪 30 年代的纽约，当时是为冷库工作者生产的工装。但由于卫衣舒适、温暖的特质，逐渐受到更多人的青睐，它几乎是秋冬好穿的单品之一，并且各个年龄段都不受限制，卫衣便成了春、秋、冬季穿衣的首选，谁的衣橱里也少不了它。

现代卫衣融合了舒适与时尚，成为年轻人街头文化的代表。卫衣款式繁多，是最能体现个性的服装。款式有套头衫式，还有开襟式，男女老少皆宜，尤其是喜欢运动的人的最爱。

图 2–29　卫衣

潮男潮女们是卡通图案卫衣的忠实爱好者。卫衣的涂鸦设计彰显了年轻的个性，原本的元素里又加入了俏皮的卡通元素，更显得青春靓丽。卫衣穿着舒适又温暖，是休闲运动的最佳装备。卫衣的搭配很简单，运动裤、牛仔裤，甚至是裙子都可以轻松与其搭出时尚感。除了炎热的夏天不宜穿着，是其他季节不可或缺的单品之一。最重要的是，穿上它，能使整个人都青春起来。

（三）下装

1. 铅笔裙

必备理由：优雅而知性

铅笔裙（见图 2–30）是直筒或者微微收拢的 H 型裙子，一改以前的 A 字裙廓形，重新定义了优雅。修身的线条，给人精神干练的气质，还能充分展示出体形，尤其是身材较好的女生，更能展示出自信，也是职业女性的首选。穿上铅笔裙，可以感受到一种难

图 2–30　铅笔裙

以言表的力量，除此之外，它可以在完全不暴露的情况下，将腿部线条展露出来，尽显女性特征。

铅笔裙需要长度在膝关节上下 5 厘米左右为宜，太短谈不上优雅，过长有些拖沓。选择一条合适的铅笔裙，当然要根据自己的身高、体型、气质和场合而定。一般来说，铅笔裙绝大多数款式是高腰的，也有短款的铅笔裙是中腰的，臀部到膝盖微微收拢，材质多为棉质或者羊毛的，显得垂顺有质感。

2. A 字裙

必备理由：简单而修身

A 字裙（见图 2–31）夸张的下摆，强调修饰肩部廓形。由于 A 字裙的外轮廓从直线变成斜线而增加了长度，进而达到了高度上的夸张，是女装常用的廓形，它具有活泼、潇洒，充满青春活力的造型风格，几乎可以胜任任何场合。即使身材不够完美，它也能很好地美化身材比例，所以无论什么身材都可穿着 A 字型的裙子。

A 字裙很经典，也很时髦，大 A 廓形，潇洒飘逸；而小 A 廓形，干练精神。女生可根据身材及喜好选择不同的款式，同时，A 字裙还可以帮助女生穿出曲线感。在夏天它可以搭配凉鞋，而冬天又可以搭配长筒靴，可谓是一年四季都能穿的单品。

图 2–31　A 字裙

半身 A 字裙可搭配各种上衣（T 恤、衬衣、毛衣等），短款精神靓丽，长款的裙子美观大方。用对比色彩搭配，使人看上去充满俏皮感，如果脚下再穿一双高筒靴，顿时成为摩登、时尚女郎。

3. 牛仔裤

必备理由：实用而时尚

要说时尚界变化最快的服装款式是什么？那当然就是牛仔裤了。无论是什么样的身材，穿着牛仔裤时都会感到非常舒适，而且还不会令周围人感到奇怪。所以，牛仔裤（见图 2–32）也是女生衣柜中的百搭佳品。

图 2–32　**牛仔裤**

牛仔裤是一年四季中最不可缺少的服装单品，其款式变化最快又被赋予时尚感。牛仔裤有直筒形、喇叭形、锥子形等，色彩有深有浅，面料有薄有厚，想赶时髦的话就不会错过任何一种款型，几乎每个女生都有多条牛仔裤。牛仔裤既时尚又休闲，是男女老少皆宜的服装单品，也不受季节限制，再不追求时尚的人，也不会错过的。

选择牛仔裤要简洁大方，这样可以和任何服装搭配，也可以在任何场合穿着；而破洞太多、太花哨的牛仔裤看似时尚，穿着环境却会受限。还需要注意的是，尽量应避免裤子上出现各种图案设计，因为这会使人眼花缭乱，而且容易过时。此外，在挑选时要注意廓形和设计，应当根据身材挑选适合自己的款式与廓形。

4. 小脚裤

必备理由：年轻时尚

小脚裤（见图 2–33）的裤腿很窄，但裤腰可宽可窄，所以即使是腰围比较大的人也可以穿，也是百搭的单品之一。小脚裤以黑色为基础色，因为黑色能适合各种身形。白色的小脚裤与浅色的服装进行搭配，总能穿出清凉、干净的味道，且不限身高，身材纤瘦的女生，随便搭配上裸色单鞋或凉鞋就会显得特别好看，尤其是 A 型身材的女生很适合。

图 2–33　小脚裤

小脚裤搭配法：

（1）小西装做外搭，“T 恤 + 小脚裤”做内搭，职业感小西装外套能穿出时尚感，正确的穿法是不系扣子，这样穿可以掩饰腰部、臀部有小缺陷的 A 型、O 型女生的身材。

（2）各种外套。实际上“T 恤 + 小脚裤”是所有外套的内搭标配，与春秋季的风衣、夹克等搭配都很友好。

（3）各种鞋子搭配。小脚裤可以轻松搭配各种鞋子，无论是平底鞋、高跟鞋、靴子，还是鞋拖都很协调。

5. 阔腿裤

必备理由：穿出气质与气场

阔腿裤（见图 2–34）舒适、好看又时尚，还很显气质，不挑腿型不挑人，显瘦遮肉，显腿长。时尚圈服装的款式似乎在不断地更迭变换，可是阔腿裤的时尚却经久不变。无论在哪个季节，阔腿裤似乎都有派得上用场的地方，穿着一条利落十足的阔腿裤，看起来既显气质又有一种高级感。

阔腿裤按裤长分为七分、八分、九分裤和长裤等，根据不同的裤长可搭配不同款式的鞋子，单鞋、短靴或者高跟鞋都可以，都可以增加时尚感，而长度到脚背的阔腿裤对鞋子就没有那么挑剔了。

面料方面，在冬季可选择保暖的羊绒材质，而夏季多选棉麻或真丝材质，这两种材质都能够温柔细腻地呵护皮肤，随身性强，能够非常好地修饰身材。

图 2-34　阔腿裤

值得注意的是小个子不要穿着太长的款式，宜露出脚踝，要有透气感；高个子的女生，宜穿长宽款，更显得潇洒大气。

图 2-35　基本款搭配

以上 15 款服装单品，基本上都是各种服装类型的基础款，易于相互搭配（见图 2-35），可根据各种场合的着装规范和自身的特征，创造出独特风格。

思考题 SIKAOTI

以上 15 款服装单品，你还缺少哪一款？谈谈你的穿衣之道吧。

三、女生服饰单品必备

（一）鞋

看一个女生打扮得漂亮不漂亮，可以看衣服；而看一个女生精致不精致，就要看鞋子了，如何选择一双好的鞋子？这实在是不可不学的知识。

1. 鞋的款式

鞋是非主服，但又是不能缺少的单品之一，鞋的款式繁多。

（1）按种类分：有皮鞋、运动鞋、休闲鞋等。

（2）按季节分：有单鞋、棉鞋和凉鞋等。

（3）按款式分：有高跟鞋、平底鞋、船鞋、靴子等。

一个人穿着再讲究，如果鞋子不搭，也会显得不够体面。不同场合的衣服就要搭配不同的鞋子，比如上班、会谈、社交等，如果不注意鞋子搭配，也是失礼的行为。

2. 选鞋要点

（1）款式。例如浅口鞋，是女性穿着概率较高的鞋子，在选购时可以通过鞋跟高度、鞋头形状来调节女性感的强弱（见图 2–36）。鞋头圆润，包裹脚面多，鞋跟不高，舒适感强，但女性感会较弱；而鞋跟越高，鞋头越尖，女性感就越强。

图 2–36　鞋子的款式

（2）颜色。在款式相同的情况下，颜色也会影响成熟度（见图 2–37），艳色、浅色、中色、深色成熟度较高。也就是说颜色越鲜艳，就越亮丽；而色彩深重，就有稳重的成熟感。鞋子的颜色可根据服装的色彩进行选择搭配，一般来说浅色的服装搭配浅色的鞋子更有和谐感；而深色的鞋子最好搭配，尤其是黑色的鞋子是百搭。

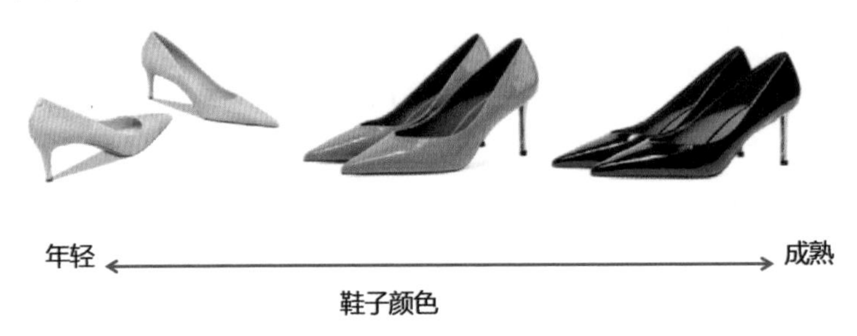

图 2-37　鞋子的颜色

（3）装饰（见图 2-38）。装饰物的多少也会影响鞋子的年龄感，装饰多会显得年轻、活泼而时尚；装饰物越少，款式越简洁，就越成熟稳重。不过鞋子的设计元素越复杂也越容易过时，越简单的越长久耐穿，就如简单的船鞋已经成为经典款，什么时候穿着都不落伍。

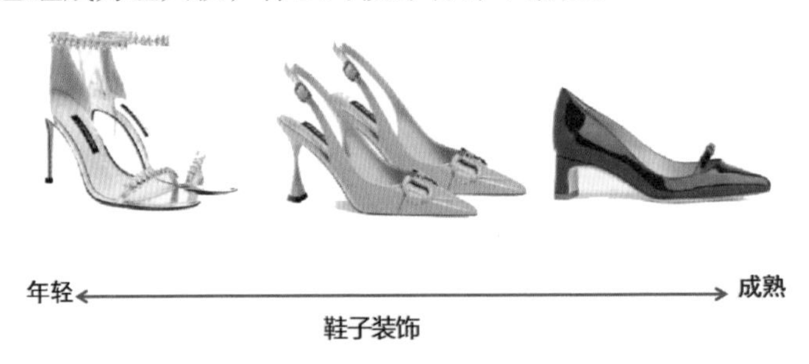

图 2-38　鞋子的装饰

鞋子虽然穿在脚下，但很影响每个人的整体气质。就如同高跟鞋虽然穿起来有一定的难度，但它就像女生最有力的“武器”，穿上它身材会更加挺拔，就连气质都变得格外不同了。不管鞋跟的高低，只要穿上精致的高跟鞋，都能瞬间提升气质，所以出席重要的场合一定要穿有高度的鞋子，这样可以展现出女性独特的自信与魅力。而休闲的平底鞋具有舒适自然之感，再搭配休闲服就更加亲切，显得人很平和、友善。

在选择鞋子的时候，尽量买那些基本款型，易于与衣服搭配，而且不受流行限制，穿的时间也更久，然后再按季节和服装风格进行搭配即可。

（二）包

从一个人的着装可以看出其性格特点，从包的搭配却能看出其品位。包对于女生来说不单单是配饰，女生可以凭一包之力，使穿衣打扮更上一层楼。包在日常生活中扮演着很重要的角色，女生很少出门不带包，再精致的服装如果没有包的搭配也会显得非常单调。

一款优质的包是必不可少的装备，经典的款式，细腻的做工，精心的装饰不仅仅体现出设计师非凡的功力，更能展现其不同寻常的品位。每一款包可通过形状、材质、色彩等诸多元素进行搭配，所以包对整体着装起着非常重要的作用。很多人有多少包都不会嫌多，但应怎么选择包呢？

1. 版型

包的版型就是看外观形状，线条偏柔和还是硬朗（见图 2–39）。棱角分明的直线条，会产生一定攻击性和冷感；曲线条多的包更柔和。曲线型小包质感显年轻，而直线型的大包会显得成熟。

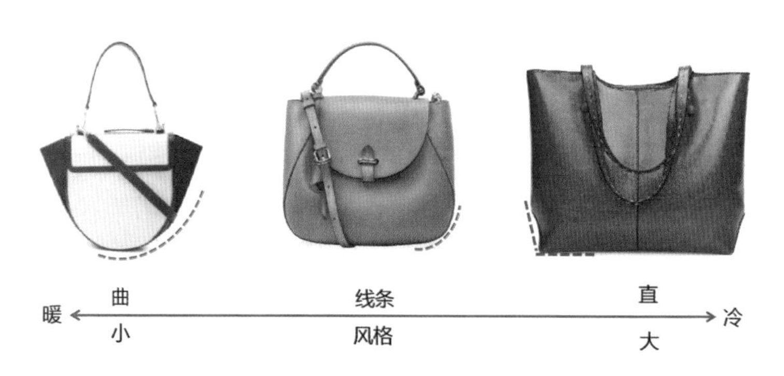

图 2–39　包的版型

2. 材质

包袋的材质决定成熟度，比如帆布包、棉麻包是偏休闲度假风，会让成熟度降低；而皮革和珠宝材质的编珠包就比较彰显华丽、高贵，成熟度会提升（见图 2–40）。

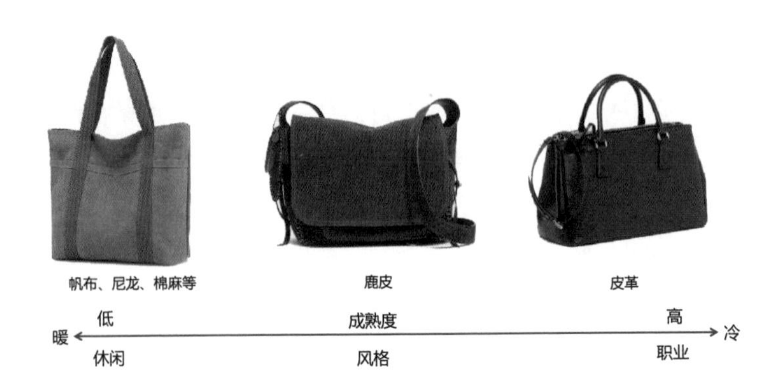

图 2-40　包的材质

3. 图案

在款式相同的情况下，很多人觉得单一大色块的包显成熟，其实就是因为没什么花色点缀，显得单调。如果想活泼一点儿，可以选有格纹、图案鲜明、色彩跳跃的款式，这样就显得活泼、可爱，有年轻感；而大块的色彩、有序的图案就有稳重感（见图 2-41）。

图 2-41　包的图案

4. 款式

我们先按规格尺寸进行选择，越小的包越有俏皮感，大包更加稳重。包的肩带也影响整体风格，斜挎式包显得年轻，手挎包更加成熟，单肩的背法算是比较适中的，兼具女性感和年轻感。还要考虑包的颜色，鲜艳的颜色有灵动感，深色更加庄重。最后再和服装进行搭配，根据不同的场合选择不同的包袋，这样不同的包就会在各个场合都能派上用场了（见图 2-42）。

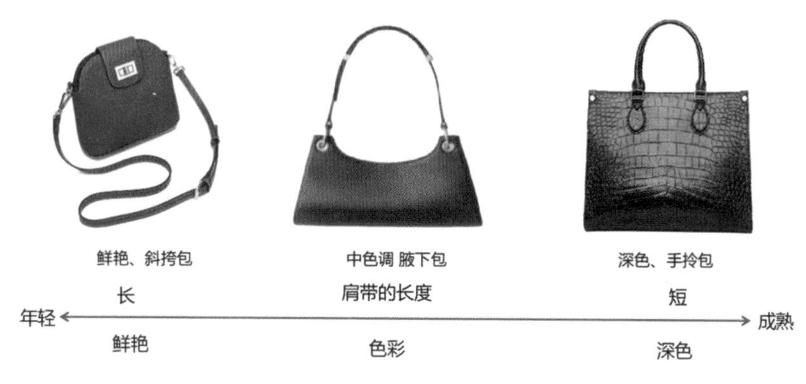

图 2-42　不同背法的包

（三）围巾

围巾在服装搭配中算是不大不小的单品，既有装饰作用又有保暖功能，起着举足轻重的作用，在衣柜中是不能缺少的单品。因为围巾实用性强，还能突出层次感和高级感，所以在我们日常生活中也可以大胆地选择和搭配。即使是一件很平庸的衣服只需系上一条围巾，就可能让人立刻变得优雅、时尚。围巾可以给衣服增加许多亮点，而且还很美丽，可根据不同的材质搭配各种服装，任何季节都可以尽情搭配。围巾要根据脸型、身材、肤色进行选择，不同的选择对脸形的大小也有很大的影响。

1. 如何选择适合自己的围巾

在寒冷的季节里围巾最主要的作用是保护脖颈。保暖才是它在寒冬里的第一要务。选择一条适合自己的围巾，可以使服装增加许多光彩，突显气质，甚至还能改善肤色，能够影响整体服饰的质感和层次感。围巾的款式非常多样，不同的材质、不同的色彩以及佩戴的方法都能带来不同的效果。

（1）颜色。纯色围巾是冬日里低调不出错的首选，冷静、沉稳的系色，搭配任何外套都很适宜，着实没有太大的难度，所以我们可以尽量选择深色系的纯色围巾。这样很能突显质感，看起来也更加简洁、干练，与同色系和近色系的服装搭配很和谐，与撞色系搭配最醒目。

（2）纹样。如果想与众不同就不能缺少一条印花图案的围巾，不仅具有灵活感和时尚气息，还能突显个性。小纹样的文气，大花形的奔放，格纹图案最常用。

（3）材质。皮草、纯毛、混纺、化纤等，因面料的不同，保暖度也有不同，搭配的效果也有所不同，材质越好，搭配起来越有高级感（见图 2-43）。

图 2-43　围巾的材质

2. 两款围巾推荐

（1）丝巾。丝巾的种类繁多，有大有小，有宽有窄，因佩戴的方法不同，会产生不同的风格，可飘逸，可优雅，它能让人变得与众不同，更有气质。

丝巾更多的意义就是装饰，尤其是不同的佩戴方法，能使人散发出不同的气质，提升时尚指数。还可以变换方法来佩戴（见图 2-44），百变方式又是一种时尚的味道。

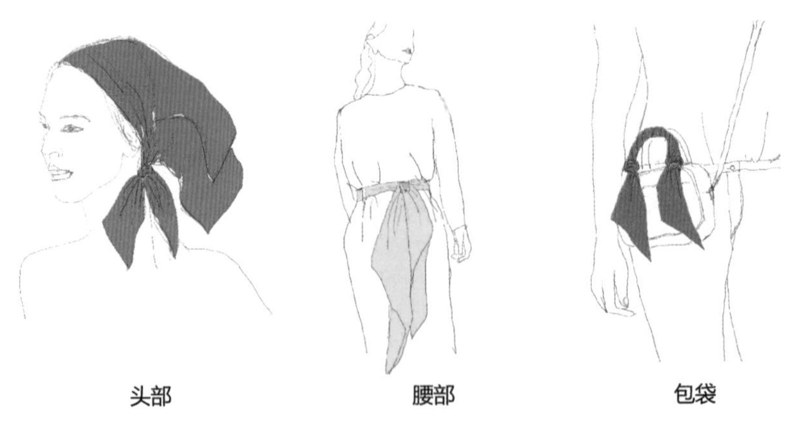

图 2-44　不同位置的装饰

（2）披肩。秋冬是围巾盛行的季节，而披肩最为保暖。厚实又时尚的披肩写满端庄与优雅。大量感的披肩围巾，一改整体廓形，整个曼妙曲线隐约浮现，也使人整个冬天更加温暖。披肩的围法十分简单，索性将一条大围巾披在大衣外面，让它成为最出其不意的造型点缀，让人立刻成为时尚达人。

披肩是一种仪式感比较强的时尚单品，使人看上去充满了高贵气息，会有一种距离感，这是因为披肩能够快速提升穿搭的品位，也会因此让一件平淡无奇的服装通过披肩的搭配变得更加精致。秋冬季节服装造型有时太单调，而披肩就是一件不错的时尚单品，尤其是用披肩打造时髦层次感，还带着一种含蓄之美，可以轻松地将那份淡定从容的感觉流露出来，尽显高级感。同色系的披肩与衣服搭配起来比较容易，看起来经典简约，显得大气、优雅、稳重，也很实用；而撞色披肩更具有冲击力，让整个穿搭变得与众不同；有图案的披肩更具有个性和层次感。值得注意的是，小个子尽量避免大图案花形，因为很难驾驭，容易造成拖沓和不和谐的感觉。

以上两种配饰单品最能反映出女生气质与风格，真是小配饰大品位，不可以小觑，只要我们掌握其中的意义，就不难穿出所想表达的风格。注意，不要盲目跟风追求奢侈的品牌，我们的穿衣风格不是一步到位的，它是随着阅历一起去成长的，根据自身的能力选购服饰才能穿出真正符合自己气质的风格与魅力。

四、服装型号

下面介绍一下服装“型号”的问题，“号”是指服装的长短，“型”是指服装的肥瘦。现在大多数人都已习惯网购，选型号是很重要的环节。衣服首先要得体，适合自己的身材才是最关键的，掌握一些基本常识是很有必要的。

常见服装有两种型号标法：

一是 S（Small，小）、M（Middle，中）、L（Larger，大）、XL（Extra Large，加大）。女生 S 码 =155 厘米 = 小号，M 码 =160 厘米 = 中号，L 码 =165 厘米 = 大号，XL 码 =170 厘米 = 加大（以此类推）。

二是身高加胸围的形式，比如 160/80A、165/85A、170/85A 等。如

165/88A、165/70A 斜线前后的数字表示人体高度和人的胸围或腰围，斜线后面的字母表示人的体型特征。Y 型指胸大腰细的体型，A 型表示一般体型，B 型表示微胖体型，C 型表示胖体型，区别体形的方法是看胸围减去腰围的数值。

下面介绍一下服装的尺寸的问题，现在有很多女生还不太了解服装的测量方法。

衣服首选要得体，适合自己的身材才是关键，掌握一些基本常识是很有必要的，这样在购买服装的时候就知道要领了。各种款型服装测量的方法见图 2-45。

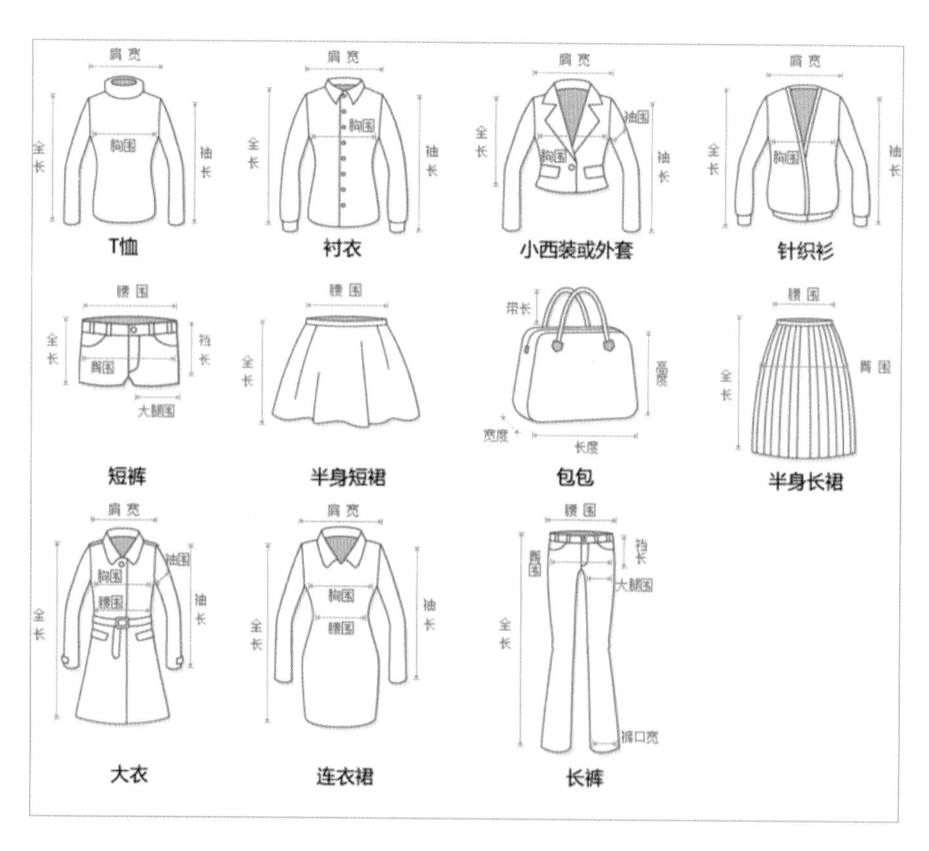

图 2-45　服装及配饰的测量方法

五、如何穿出自身风采

（1）我们应该多花些时间和精力在服装的搭配上，这不仅能让我们以15件衣服穿出45种搭配风格来，而且还能锻炼自己的审美品位，穿出不同的风格。

（2）由浅入深，穿衣有三层境界：第一层是和谐，第二层是美感，第三层是个性。服装是为人服务的，在服装的衬托下更能体现出人的风采。

（3）不要太追求潮流，这样往往会让我们忽视了内在的本质，最为重要的应该是讲究服饰的搭配（见图2–46）。

图2-46　服饰搭配示例

（4）在选择服装时要理性，可以根据下面三个标准选择，不符合其中任何一个的都不要掏出钱包。

①买你喜欢的。

②买适合你的。

③买你需要的。

（5）即使衣服不是每天都洗，但是在条件允许的情况下，也要争取每天都更换一下，两套衣服轮流穿一周，比一套衣服连着穿几天，更容易让人觉得整洁、有条理性。

（6）根据 TPO 原则，如果不是在恰当时间（Time）、地点（Place）、场合（Occasion）现身的话，再昂贵的衣服也难以体现出一个人的修养。

温馨提示
WENXINTISHI

（1）百搭服装：黑色长裤、黑色半裙、黑色西装、黑色连衣裙、黑皮鞋、中性色皮鞋。

（2）好搭服装：有花纹的裙子（三色以内）、中性色裙、中性色长裤（卡其色、米色、咖啡色、灰色、深蓝色）、黑色打底、中性色打底、针织外套（黑、白及其他中性色）。

（3）百搭配件：黑色包。

（4）好搭配件：中性色皮包。

（5）好搭饰品：细链小坠项链、珍珠项链、金属耳环。

（6）经典围巾：中性色大披肩、小方巾、大方巾、长丝巾。

第三章

服装色彩搭配

色彩是服装的灵魂，我们买衣服通常要考虑服装的色彩，大多数人习惯买自己喜欢的颜色，往往忽略自己的皮肤特质，很可能一生穿着的服装都选错了颜色，因为人体是有颜色的。我们亚洲黄种人的皮肤个体之间也会有很大的差别。那我们如何选择服装颜色呢？有没有一种方法能让我们知道哪种颜色更适合自己呢？

一、人体是有颜色的

我们体内与生俱来就有着决定我们皮肤是什么颜色的色素，它们分别是：

胡萝卜素 —— 呈现黄色；

血色素 —— 呈现红色；

黑色素 —— 呈现茶色。

胡萝卜素和血色素决定了肤色的冷暖，而肤色的深浅、明暗是黑色素在发生作用。我们的眼珠色、毛发色以及身体色（见图 3-1），都是体内这三种色素的组合而呈现出来的结果，从而形成了不同的肤色。

图 3-1　人体色彩

亚洲人在看似相同的外表下，个体在色彩属性上虽然有差别，但是即使晒黑了，脸上长出了瑕疵，或者皮肤随着年龄的变化逐渐衰老，每个人都不会跳出既定的“色彩属性”。在穿着上想要看起来自然、得体、和谐，想打扮得更加漂亮，就要知道人的体色特征，然后找到与本人相对应的配色，让自身的人体色与服饰色形成统一、和谐的关系。穿着适合自身颜色的服装，再化上适合本人的妆容，会使人变得精神焕发，散发出无限的个人魅力。

二、四季色彩理论

四季色彩理论是当今国际时尚界十分热门的话题，它是由色彩第一夫人——美国的卡洛尔·杰克逊女士创立的，她通过观察 4 万个人的肤色、发色、唇色、眉毛色、瞳孔色等，发现人体色特征与大自然的一年四季特征有着共同点。四季色彩理论是第一个运用个人肤色特征与对应色关系的实用体系色彩理论，为不同肤色的人找到其适合的季节色彩，指导其选择最佳用色搭配方案。根据个人自然肤色，利用服饰色彩、化妆手段和谐统一搭配，从而最大限度地挖掘每个人的潜质与美丽的元素。四季色彩理论出现后迅速风靡欧美，后由佐藤泰子女士引入日本，研制成适合亚洲人的颜色体系。1998 年，该体系由色彩顾问于西蔓女士引入中国，并针对中国人肤色特征进行了相应的改造。四季色彩理论给世界各国女性的着装带来巨大的影响，同时也促进了各行各业在色彩应用技术方面的巨大进步。

四季色彩理论是根据色彩的冷暖、明度、纯度的划分，进而形成四组和谐关系的色彩群。因此，就把这四组色群分别命名为“春”“秋”（暖色系）、“夏”“冬”（冷色系）（见图 3-2），为人们提供服装色彩搭配运用的指导方案。

图 3-2　四季色彩

首先人的肤色分为冷、暖两大色系，暖色系的皮肤底调泛有温暖的黄色，和春秋季节色调比较和谐；冷色调人的皮肤底色是泛蓝的或者是粉色，是种很明亮的感觉，与夏冬季节色调比较协调。四季的区别就在于各组的色调不同，用色范围也有所不同，是因为它们的色彩特征与大自然中四季的色彩特征十分接近。那么，春、夏、秋、冬这四组色调与我们又有什么关系呢?

我们每个人的色彩属性都不一样，是因为人的肤色、发色、瞳孔色、唇色，甚至笑起来脸上的红晕都是不同的，所以给人呈现的视觉效果也不同。人体色有冷暖、深浅之分，这些是每个人与生俱来的颜色特征，被称为人物色彩属性。

色彩诊断就是对人体色的测试，通过对肤色、发色、瞳孔色等进行理论分析，总结出色相、明度和纯度的倾向，找出与自身的自然色彩属性相协调的色彩群，判断出季节倾向。四季色彩理论的方法，可用在服饰搭配、染发、化妆用色，甚至在居室、周边环境等用色中都可以统一到同一组色调中，以平衡色距问题。同时运用服装色彩搭配技巧，根据每个人的长相、身材特征和气质类型，确定我们的最佳服装用色的范围，包括服饰的搭配，饰品的款式、质地、图案选择，起到和谐自然的效果。通过四季色彩理论分析，希望能唤起人们的“色彩觉醒”，刮起一场美丽的“色彩旋风”，指导我们确定最佳着装风格。

三、四季色彩自我诊断方法

色彩诊断是根据每个人与生俱来的人体色——肤色、发色、瞳孔色、唇色等客观存在的皮肤色彩属性进行科学的分析和归类，研究各类色彩群对其的适用程度，划分出与其相协调的色彩范围，科学地寻找人体色与服饰、妆容色彩之间的对应关系，从而为每一个人找到可以受用一生的服饰、妆容色彩的搭配方案。

（一）判断皮肤的冷暖

人的肤色分冷暖色调（见图3–3），还有一些人是冷暖之间的中性色调。皮肤色调不是单独看出来的，而是通过一定的测试，来鉴定我们肤色的冷暖，以下有几种方法可以借鉴。

（1）自然光照检测法。在自然的光照下，如果皮肤底色调多为粉色泛有青色，那么就是冷色调；如果多为黄色，则为暖色调。

（2）血管颜色检测法。仔细观察手腕内侧的血管，如果血管颜色是橄榄色或绿色，就是暖色调；如果血管是蓝色或紫色，那么就是冷色调；如果感觉哪种颜色都不明显，那么就属于中间色调了。

（3）白纸检测法。用一张白纸，放到离脸部较近的位置，观看白纸反射的色调，如果呈现的是粉色就属于冷色调，反射的为黄色说明就是暖色调。

（4）金银首饰检测法。佩戴金色、银色首饰，观看哪个色调更能衬托自身的肤色。如果戴金色的好看，那么属于暖色调；如果戴银色更适合，那么就是冷色调了。

（5）夏季日晒检测法。一般来说冷色调的人的皮肤更易被晒伤；而暖色调的人虽不易被晒伤，但是很容易被晒黑。

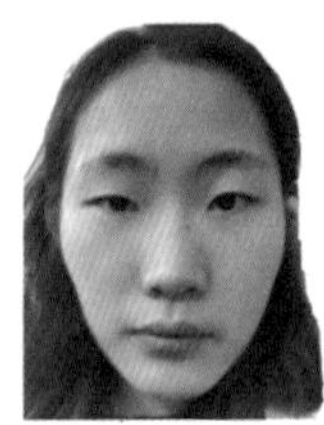

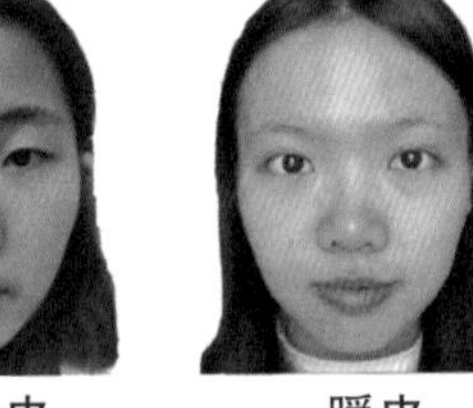

冷皮　　暖皮

图 3-3　冷暖皮

（二）判断四季色彩

人体色是由肤色、发色、瞳孔色、唇色及眼白色等体现出来的，可根据发色、肤色、瞳孔色、唇色等进行自我诊断（见图 3-4）。不同肤色影响的部位不尽相同，但对我们黄皮人来说，皮肤色和头发色的影响最大。通过仔细分析，找出自身的季型对每个人日后的着装色彩会有更具体的指导。

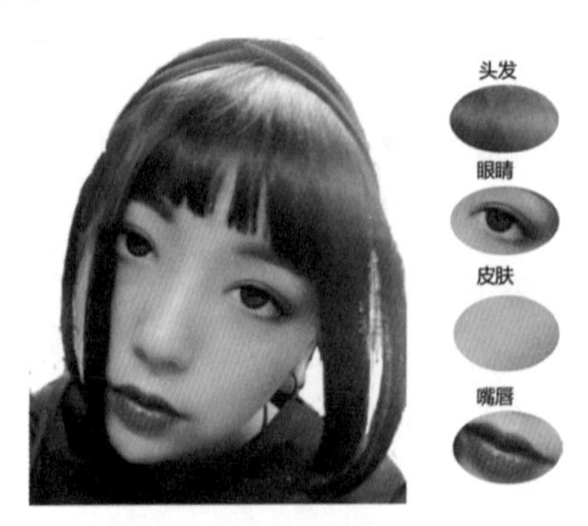

图 3-4　自我诊断方法

（1）你的头发是怎样的？

A. 浓、厚、硬，乌黑发亮或黑芝麻色

B. 稀、薄、软，棕色偏黑

C. 浓、厚、硬，褐棕色

D. 稀、薄、软，棕色偏黄

（2）你的眼睛是怎样的？

A. 明亮、目光犀利，有距离感

B. 温柔、沉稳、不明亮，有亲和力

C. 沉稳、不明亮，甚至蒙上了一层雾

D. 可爱、明亮、有亲和力

（3）你的皮肤是怎样的？

A. 苍白、偏黄、不红润

B. 苍白、皮质薄、偏黄

C. 棕色、光滑、厚实

D. 皮质薄而透，容易脸红，容易过敏

（4）你的唇色是怎样的？

A. 偏玫瑰色

B. 偏旧、发乌、苍白

C. 偏旧、发乌、色素深

D. 偏橘红、鲜艳

（三）诊断结果

1. 冬季型人特征

（1）皮肤的状况：A. 没有红晕，肤色呈深褐色或青白色。

（2）头发的整体感觉：A. 乌黑发亮，发质偏硬。

（3）眼球及眼白的颜色：A. 柔白色眼白，深棕色或黑色眼球。

（4）眼睛的整体感觉：A. 锐利。

（5）整体给人的感觉：A. 干练、自信。

2. 夏季型人特征

（1）皮肤的状况：B. 有粉晕，肤色白皙（皮薄）。

（2）头发的整体感觉：B. 灰黑色，发质柔软。

（3）眼球及眼白的颜色：B. 柔白色眼白，黑棕色眼球。

（4）眼睛的整体感觉：B. 温和。

（5）整体给人的感觉：B. 恬静、温柔。

3. 秋季型人特征

（1）皮肤的状况：C. 没有红晕，肤色略带黄色底调。

（2）头发的整体感觉：C. 深棕色。

（3）眼球及眼白的颜色：C. 湖蓝色眼白，棕色眼球。

（4）眼睛的整体感觉：C. 深沉。

（5）整体给人的感觉：C. 成熟、稳重。

4. 春季型人特征

（1）皮肤的状况：D. 有红晕，肤色白皙略带黄色。

（2）头发的整体感觉：D. 棕黄色、棕色。

（3）眼球及眼白的颜色：D. 湛蓝色眼白，棕黄色眼球。

（4）眼睛的整体感觉：D. 明亮。

（5）整体给人的感觉：D. 活泼、朝气。

判断题 PANDUANTI

通过四季色彩理论测试，你是什么季型人？

四、四季色彩诊断作用

四季色彩诊断的目的是获得被诊断者的肤色色相的冷暖属性、肤色明度的深浅属性、肤色纯度的高低属性。因为很多人不知道什么样的颜色适合自己，仅是凭着自己的喜欢和爱好，任性地选择任意颜色的服装，所以很难穿出最出彩的效果。

（一）四季色彩的作用：省时、省力、省钱

四季色彩理论的最大成功之处在于它解决了人们在装扮用色方面的困扰。一个人如果知道并学会运用最适合自己的色彩群（见图 3–5），不仅能把自身独有的品位和魅力完美、自然地呈现出来，还能因为通晓服饰间的色彩关系而节省装扮时间，避免资源浪费。更重要的是，如果我们清楚地知道什么颜色是最能提升自身的气质，什么颜色是自己的“排斥色”，将会在任何场合都能轻松驾驭色彩，科学而自信地装扮出最漂亮的自己。

图 3-5　四季色彩用色

（二）四季色彩运用：场合、搭配、化妆

四季色彩理论并不是把每个人框定在一个固定的色彩范围里，而是指导我们理性地选择色彩。它的真正意义在于为我们指明自身的用色规律，提升自我驾驭色彩的能力，它会使我们清晰地知道，哪些颜色是适合自己的最佳颜色，哪些颜色是配色，而哪些颜色并不适合自己。这样，我们便完全可以在生活中巧妙地运用色彩搭配，在需要的场合彰显个性，当我们穿上并不适合自己的颜色时，应该想办法巧妙地运用化妆、配饰进行调整，使我们在形象关头都能轻松驾驭色彩（见图 3-6），科学而自信地装扮出最美丽的自己。

图 3-6　四季色彩场合用色示例

图 3–7 是四季服饰分析示例图。色彩分冷暖与深浅，春秋为暖色调，夏冬为冷色调；春夏为浅色调，秋冬为深色调。

图 3–7　四季服饰分析示例

根据自身的特点与气质找到色彩规律，运用这种方法简单快捷地去审视个人的用色范围，透过平时经常使用的没有标准的“漂亮”的概念，更理性地使用色彩。总之，学习和掌握色彩规律是核心内容，按照四季色彩理论有选择地购买服饰，就会大大地提高服饰的利用率，省时、省钱、省心、省力的同时美丽自己。理解个人色彩规律精髓的同时，也让我们学会了实用的操作标准。

五、四季型人特征与搭配技巧

（一）春季型

1. 肤色特征

春季型人肤色大多是浅象牙色、暖米色，细腻而有透明感。

2. 眼睛特征

春季型人眼睛像玻璃球一样熠熠发光，眼珠为亮茶色或黄玉色，眼白有湖蓝色。

3. 发色特征

春季型人发色明亮如绢的茶色，柔和的棕黄色、栗色，发质柔软。

春季型人有着明亮的眼睛，眼神灵动而俏皮，好像永远都显露出不谙世事的清纯，神情充满朝气。白皙、光滑、透亮的皮肤，脸上总是透着珊瑚粉般的红润，给人以年轻、活泼、娇美、稚嫩的感觉，富有朝气而充满活力。春季型人给人的第一印象大多是有一种阳光般的明媚，是生活中最快乐和靓丽的一族，运用鲜明的对比色会让春季型人俏丽无比。

4. 春季型人搭配技巧

春季型——明亮、活泼、鲜艳（见图 3-8）。

春天是万物生长的季节，宜穿明快富有生机的色彩，以明亮色为主。春季型人适合用暖色系中的明亮色调，如同初春的田野，微微泛黄，所以使用范围最广的颜色是黄色，但要感觉明亮才算最佳。在服饰搭配中多运用鲜艳亮丽的对比色可以起到画龙点睛的作用，如亮黄绿色、杏色、浅水蓝色、浅金色等，都可以作为春季型人的主要用色，突出其轻盈朝气与柔美魅力同在的特点。“马卡龙色”是春季型人的最佳选择。春季型人在穿着打扮上会比实际年龄显得年轻。春季型的人不适合过深、过重、偏旧的颜色，那样易与春季型人白皙的肌肤、飘逸的黄发有不和谐之感，会使春季型人显得黯淡，失去轻盈朝气与柔美魅力的特质。

图 3-8 春季型色彩示例

（二）夏季型

1. 肤色特征

夏季型人肤色大多是柔和的米色，或是带蓝色调的浅青色，也有小麦色皮肤，脸上呈现玫瑰粉的红晕，容易被晒黑。

2. 眼睛特征

夏季型人目光柔和，整体有温柔之感，眼珠呈焦茶色或深棕色。

3. 发色特征

夏季型人发色是轻柔的黑色、灰黑色，柔和的棕色或深棕色，发质细软。

夏季型人拥有健康的肤色、水粉色的红晕、浅玫瑰色的嘴唇、柔软的黑发，给人以柔和、优雅的整体印象。夏季型人大多是温柔的，文静的脸庞上往往呈现出玫瑰粉的红晕，宁静、柔和的眼神仿佛永远都在诉说着安稳而平静的生活。夏季型人适合以蓝色为底调的轻柔淡雅的颜色，这样才能衬托出她们温柔、恬静的个性。

4. 夏季型人搭配技巧

夏季型——清新、淡雅、恬静（见图 3–9）。

夏天碧蓝如海的天空，静谧淡雅的江南水乡，以素雅浅淡的色调为基调，构成一幅柔和、恬静的画卷，这很符合夏季型人的气质。夏季型人很适合蓝色和紫色、深浅不同的各种粉色以及有朦胧感的色调。可多采用莫兰迪色系的搭配方法，虽然画面整体偏灰，但宁静、高级却没有失去应有的美感，如蓝色、浅灰色、白色、玉色、淡粉色以及朦胧的色彩，反而能将服装搭配发挥到极致，发散出神秘的气息。夏季型人不太适合用反差大的色彩进行搭配，过深重的颜色会让夏季型人失去柔美的气质。

图 3–9　夏季型色彩示例

（三）秋季型

1. 肤色特征

秋季型人的肤色是瓷器般的象牙色，或深橘色、暗驼色、黄橙色。

2. 眼睛特征

秋季型人眼珠呈深棕色、焦茶色，眼白为象牙色或略带绿的白色。

3. 发色特征

秋季型人发色多为褐色、棕色，或者铜色、巧克力色，发质浓密。

秋季型人的发质黑中泛黄，眼睛为棕色，目光沉稳，有陶瓷般的皮肤，鲜少出现红晕，与秋季原野黄灿灿的丰收景象和谐一致。秋季型人的服饰基调是暖色系中的沉稳色调，浓郁而华丽的颜色衬托出秋季型人成熟高贵的气质，越浑厚的颜色也越能衬托秋季型人陶瓷般的皮肤，正如大自然的秋天带给人浓郁、丰盈一般的感觉。多用华丽而丰富的色彩，可将秋季型人自信与高雅的气质烘托到极致。

4. 秋季型人搭配技巧

秋季型——成熟、华丽、端庄（见图 3-10）。

秋天是丰收的季节，枫叶红与银杏黄相辉映，整个视野都是令人炫目的、充满浪漫气息的金色调，是四季色中最成熟而华贵的代表。秋季型人穿着的颜色要温暖，浓郁的色调会扮出成熟高贵的形象，如金黄色、翠绿色、米色、咖色等。秋季型人穿黑色会显得皮肤发黄，灰色与秋季型人的肤色排斥感较强。在服装的色彩搭配上，秋季型人不太适合强烈的对比色，只有在相同的色相或相邻色相的浓淡搭配中才能突出华丽感。

图 3-10　秋季型色彩示例

（四）冬季型

1. 肤色特征

冬季型人肤色多为青白或略带橄榄色，带青色的黄褐色，清冷的底调看不到红晕。

2. 眼睛特征

冬季型人眼睛黑白分明，目光锐利，眼珠为深黑色或焦茶色。

3. 发色特征

冬季型人的头发乌黑发亮，呈黑褐色、银灰或深酒红色，发质粗硬。

冬季型人有着天生的黑头发，黑白分明的眼睛，锐利的眼神，冷调的肤色几乎看不到红晕。五官立体，对比度极高，性格外向而热情，这几大特点构成冬季型人的主要特征，给人一种干练而张扬的印象。黑发白肤与眉眼间的锐利之感形成鲜明的对比，给人以深刻的印象，充满个性，与众不同。无彩色以及大胆热烈的纯色系非常适合冬季型人的肤色与整体感觉，更易装扮出冰清玉洁的美感。

4. 冬季型人搭配技巧

冬季型——热烈、纯正、鲜明（见图 3-11）。

冬天色彩简单而明亮，白雪皑皑，绿松与蜡梅是冬天的景色，把冬季鲜明的对比表现得淋漓尽致。冬季型的人穿着黑、白、灰色很精神，只有冬季型人才能真正发挥出无彩色的鲜明个性。还可以运用饱和度高的颜色，如圣诞树上那些纯色的装饰缤纷耀眼，标明了冬季色群热烈、鲜明、纯正，选择红色时，可选正红、酒红和纯正的玫瑰红，一定要有对比色的出现，才能显得更惊艳脱俗。冬季型人色彩基调是“冰”色，适合选用冷峻、惊艳基调的颜色，要避免轻柔、浑浊的色彩。

图 3-11　冬季型色彩示例

服装是一个人仪表中非常重要的组成部分，突显一个人的气质，而色彩又是服装的灵魂，穿对颜色能够起到修饰衬托的作用。因为个人的肤色成了整体造型中的一个重要色彩，所以肤色和服色之间的搭配协调就显得尤为重要。运用四季色彩理论，诊断出自身的色彩属性，根据不同类型的人提出了对应的服饰色彩搭配建议，对我们日后穿着打扮起到积极的作用。

判断题
PANDUANTI

通过这部分的知识点，诊断出你是哪一类的季型。

六、个人色彩类型

运用色彩时重点要掌握色彩三要素：色相、明度、纯度。色彩类型还可总结为六个字 —— 冷暖、深浅、艳柔。

色彩类型决定一个人最适合哪类的颜色和配色对比度。这不仅由人们的肤色决定，更是由头面的整体色彩规律决定的，包括每个人与生俱来的头发、眼睛、皮肤的颜色，也可以称作人体固有色，可分为冷暖、深浅、艳柔来理解。知道自身的色彩属性是非常重要的基础环节，只有清楚了解自身肤色的基调，才能准确选择适合自己的颜色。当穿上适合自身颜色的服饰就可以显得气色饱满、神采飞扬、精神抖擞；相反用错了颜色就会显得气色不好，有些脏兮兮的感觉，会使人黯淡无光、有气无力，失去应有的光彩。所以色彩对肤色起的决定性作用不可小觑，对自身了解得越多，越能更好地装扮自己。

（一）色彩有三大属性：色相、明度、纯度

（1）色相：冷暖（见图 3–12）。冷型人，面部特征——明净，整个头面笼罩在一种青色的底调中；暖型人，头面整体笼罩着温暖的橘黄底调。

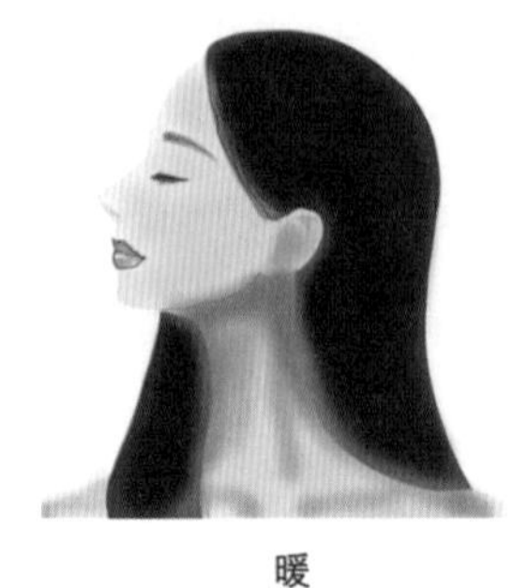

冷　　暖

图 3-12　皮肤冷暖

（2）明度：深浅（见图 3–13）。深型人，整个头面的色彩是厚重的、强烈的，色彩对比强烈；浅型人的皮肤、发色及瞳孔色都浅，不分明，缺少对比度。

深　　浅

图 3-13　皮肤深浅

（3）纯度：艳柔（见图 3–14）。艳型人，面部整体特征明显，头发和眼睛黑亮，与浅白色的皮肤形成强烈的对比，明净清澈，对比分明；柔型人，整体面容有一层灰雾的感觉，色彩不分明，眉眼的颜色比较清淡，脸不透亮，有色素沉淀。

艳　　柔

图 3-14　头面艳柔

服装颜色由三个因素决定。肤色的冷暖：决定用色的冷暖。人的成熟度：决定整身搭配的深浅。五官的清晰度：决定用色的鲜艳度和对比度。

（二）PCCS 色调图

PCCS，全称 Practical Color-ordinate System，是日本色彩研究所于1964 年发布的“色彩体系”，在服装、平面、建筑、室内等各个设计领域都有广泛运用。PCCS 侧重于实践运用，我们可以通过图 3-15 来找到属于自身的色彩群。

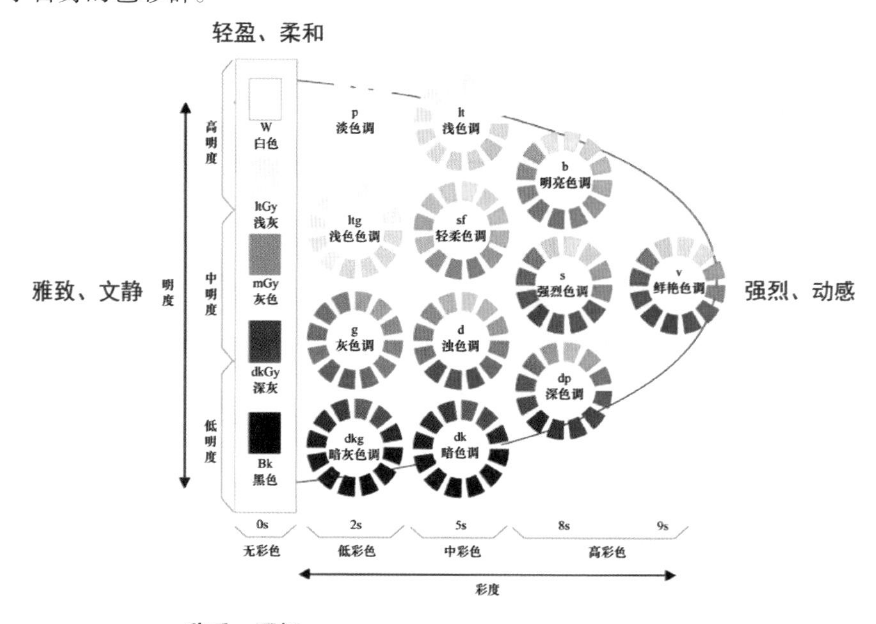

图 3-15　PCCS 色调图

PCCS 色调图，不只是将颜色分类，还对每个色调给人的印象做了概括的描述，不同的色调给人的心理感受是不同的，以方便理解与运用。

1. 横向

横向代表鲜艳程度，颜色越往右越鲜艳、饱满。颜色越鲜艳，描述它的通常是活泼、华丽、醒目、强烈、动感等词语；越往左，颜色越朴素，相应的形容词一般是朴实、雅致、文静等。

2. 纵向

纵向代表深浅程度，颜色往上为浅，往下为深。越往上的区域，颜色越浅亮，相应的形容词往往是轻盈、素净、轻和等；越往下，颜色越暗沉，给人的印象通常是稳重、硬朗等。

PCCS 色彩体系的最大特点是将色彩综合为色相与色调两种观念，构成各种不同的色调系列，我们可按照 PCCS 图进行人物划分，根据肤色、发色、瞳孔色、唇色的质感对号入座（见图 3-16），找到合适自身的配色就不再是难题了。

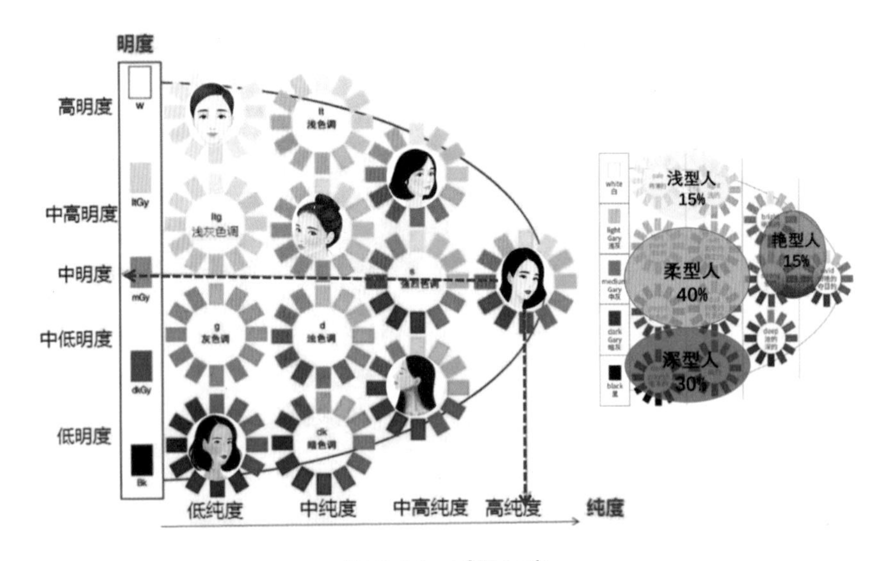

图 3-16 对号入座

深型人象征成熟，浅型人象征青春，艳型人象征活力，柔型人象征温柔。

（三）根据个人色彩类型进行搭配

每个人天生就是有颜色的，人体色的各不相同决定了着装用色也有不同，服装的选择也要考虑人的整体色问题。我们先要了解自身的肤色属性，然后再根据头发、眼睛、五官的立体度等因素，确定用色规律，穿对颜色能使人更加健康、年轻、亮丽、风度翩翩。

下面的图解是不同类型人的用色要领，实线为主要用色；虚线为用色范围，可根据个人特征进行合理的搭配。

1. 深型人

深型人的头面部给人强烈的色彩印象，头发、眼睛、皮肤的色泽都比较浓厚，跟长得白长得黑没有直接关系，而是以上三者的综合。深型人的眼神要么是锐利的，要么是深沉的，具有这种固有色特征的人，只有强烈浓重的色彩才能真正把他衬托出来，穿深色可以十分耀眼，而穿了浅色则会显得没精打采。

注：深型人分为“深暖型”和“深冷型”两种。

深型人用色范围（见图 3–17）：

深型人头面部颜色都比较深，相对适合偏深的颜色，比如砖红色、深红色、深棕色、藏蓝色、墨绿色等，这些颜色会让深色调的人看起来更有品质，还显得高级。染发时也不要染太浅，深冷皮肤可选黑色，深暖皮肤可选深咖啡色。

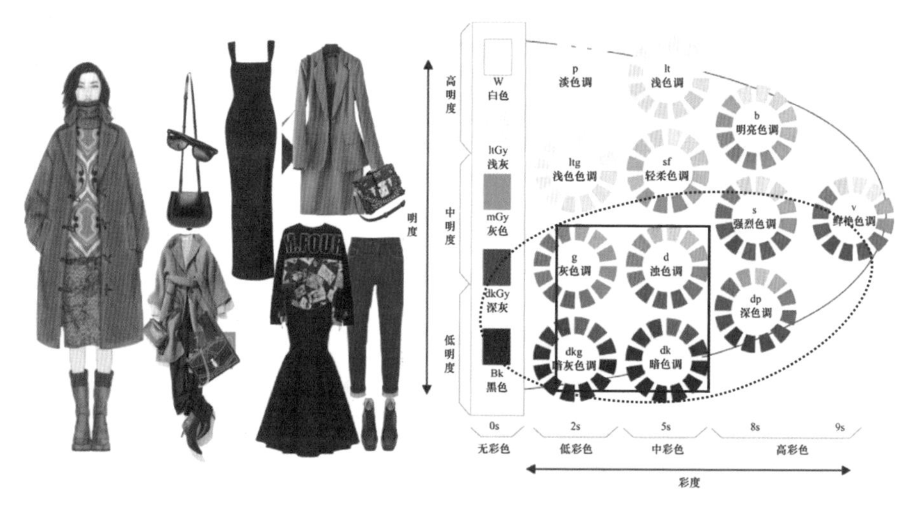

图 3–17 深型人用色范围及示例

深型人适合穿黑色及深色，因为深色能平衡深重而饱满的固有色特征，可直接用在服装上，也可以用在鞋包上，黑色的加入对深型人来说并不会显得沉闷。整体用色原则选择浓重、强烈、深沉的色彩为宜，且在搭配上最好用深色配深色，也可以深色配浅色，但不适合浅色配浅色。

深型人适合中等明度至低明度的颜色，强调色彩的浓重性，搭配上也要突出绚烂、浓烈的效果，也只有深色型人衬得起深色配深色的搭配。而穿了浅色，头面会显得浮肿，肤色暗哑、不均匀，显得没精打采，轻浅的颜色反倒把深型人的肤色衬托得越发暗淡，有憔悴的感觉。很多深色调的人会认为穿比自己体色更轻浅的颜色会显得好看些，总以为这样会让自己显白些，实际上这样反而会显得自己的皮肤更粗糙、暗沉，看起来没精神。

2. 浅型人

浅型人发色、肤色、眼睛的颜色三者总体来说是轻浅的，有着不浓黑的头发，缺乏对比，不分明。浅型人强调轻浅，所有色彩的融合要给人浅淡且温和的印象，是最显“嫩”的色彩感觉，就像春花烂漫，是活泼可爱的形象。对浅型人来说，冬季服装是个挑战。

注：浅型人分为“浅暖型”和“浅冷型”两种。

浅型人用色范围（见图 3–18）：

浅型人头发、眼睛、皮肤的颜色没有强烈的对比差，由于本身肤色偏轻，通常穿轻浅的颜色会更衬自身的气质。化妆色彩适合透明、清爽、有元气感的色调，太深的颜色会显得沉重和老气。发色上要选用一些偏浅亮的颜色，如浅暖色调的人可以用浅黄色，浅冷色调的人可以驾驭自然浅蓝色。

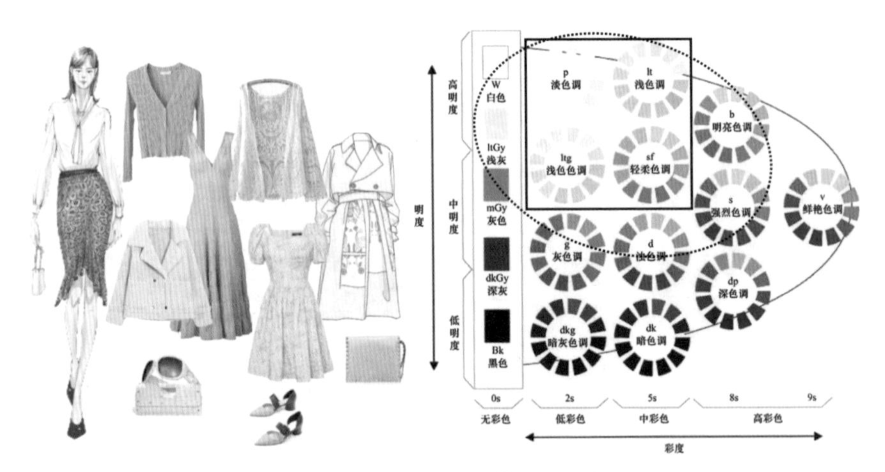

图 3–18　浅型人用色范围及示例

浅型人适合轻快明亮的颜色，清浅色如浅蓝、浅绿、浅粉、浅水蓝、浅黄等，这些颜色就像加了水一样清澈淡雅，给人轻盈、朴素、沉静的感觉。

浅型人要强调轻柔温和的用色规律，回避太深重的色彩。黑色会显沉重，与浅型人成为对立面，从而不协调，黑色只能是小面积的配色，还要避开头面部。不要同时穿两种深色搭配的服装，可以浅浅相配或一深一浅。如果穿黑色大衣，在靠近脸的部位选用浅淡色彩、柔和的面料进行隔离搭配，这样可吸收光线，弱化黑色沉重的感觉。

3. 冷型人

冷型人整个头面部笼罩在一种青色的底调中，整体特征是清冷、明净，所以往往要穿一些泛着冷色调的颜色才好看，比如蓝色系，会让冷型人光彩照人、冷艳动人。

注：冷型分为“冷夏型”和“冷冬型”两种色彩季型。

冷型人用色范围（见图 3–19）：

冷型人整个头面部笼罩在一种青色的底调中（一种玫瑰粉、小麦色、蜡黄色的肤色中透出隐隐的青色底调）。个人色彩特征为“冷”的人，强调用冷色底调的颜色，如蓝色系、紫色系、玫红色系，要回避的是暖色调系列的颜色，如橙色。

图 3–19　冷型人用色范围及示例

冷型人适合泛着蓝色调的颜色，会给人一丝丝的凉意和寒冷的感觉，是带有冷色调的色彩，适合的服饰颜色如同加水稀释过的颜色，如浅蓝、浅绿、浅粉、浅水蓝、浅黄等。

冷型人不强调明度，深深浅浅的颜色都可以，但必须都是冷调的，冷型人基本用不上橘色，很适合蓝色系、紫色系，这些都有着很好的效果。冷型人用错了颜色最大的问题是显老，给人细纹加重、皮肤缺乏弹性的感觉。

4. 暖型人

暖型人整个头面部笼罩在温暖的橘黄底调中，从黄白至象牙色至深黄色都有，整体特征会给人温暖的感觉，像是秋天里的一道暖阳。暖型人适合的颜色应有温暖的黄底调的特性，以中等明度为主。

注：暖型人分为“暖亮型”和“暖柔型”两种。

暖型人用色范围（见图 3-20）：

暖型人都呈现出一种温暖的红底调或橙底调的特性。这些色彩会让暖型人有一种天生的、金色的温暖光彩笼罩在整个头面部的感觉，所以也只有暖色调的颜色才会把暖型人的美丽充分调动起来。

图 3-20　暖型人用色范围及示例

暖型人一般有着橙色底调的皮肤，有肤色特别白皙水透的，也有深色暗沉的，要穿戴有黄底调或红底调颜色的服饰，尤其是金黄色的服装，让人显得精神饱满。黑色不在暖型人的用色范围内，穿错颜色就会丢失了暖型人本身的金色的光彩，而显得平淡无奇，缺乏生气，人和服装有违和感。

5. 艳型人

艳型人整个头面部，特别是眼睛的光彩会令人印象深刻，头发和眼睛的黑亮与脸色的浅白形成强烈的反差。面部五官立体感强，毛发色与肤色对比度强，眼神有锐利感。外貌整体深浅度形成对比，干干净净的高纯度颜色是艳型人的礼物。

注：艳型人分“艳暖型”和“艳冷型”两种色彩季型。

艳型人用色范围（见图 3-21）：

一个人驾驭颜色的饱和度取决于个人的五官清晰度、毛发色的对比度、眼神的力度等。艳型人从色彩属性分析，属于一类高纯度的颜色，与之对应的色彩搭配同样用色要明净、纯粹。因自身条件比较好，艳型人适合大部分的色彩，但不适合浑浊、模糊的颜色。

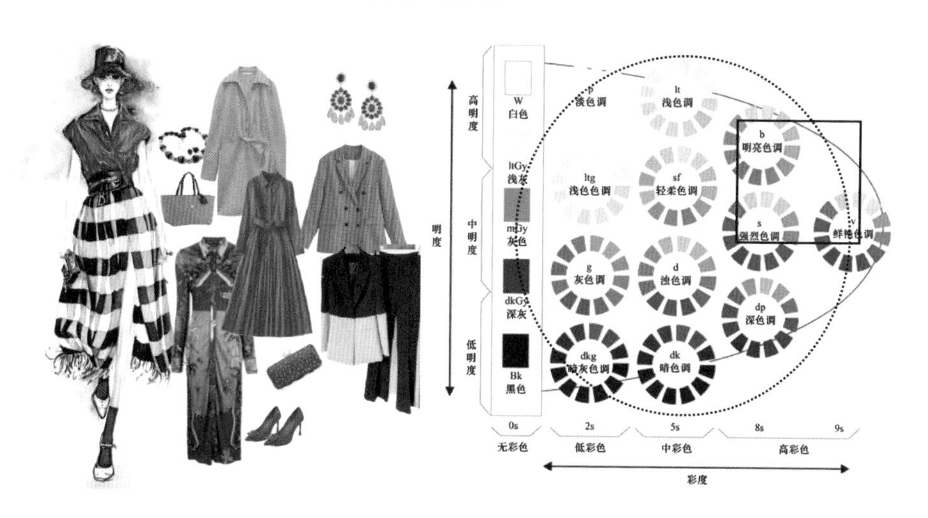

图 3-21 艳型人用色范围及示例

艳型人适合纯度很高、极端、强烈的颜色，如正蓝、正红、正绿等，会显得人脸色更加明亮、有立体感，真正能把黑白色穿好看的人，就是艳型人了。

艳型人适合的颜色不太强调色彩的冷暖调，只要明快鲜亮的颜色就好，所有闪闪发光的饰品都是最佳的搭配，只有艳型人才能驾驭这样鲜艳的色彩，彰显出绚丽夺目的个人魅力。艳型人穿错颜色就会显得特别憔悴，而那些加入灰色调的浊色，会使其失去应有的光彩。

6. 柔型人

柔型人整体面容有一层灰雾的感觉，色彩不分明，瑰丽、柔和，五官柔和，毛发色与皮肤色对比度较低，眼神也比较温柔，所以柔型人柔和、雅致又充满温婉的气质。近年常被提及的莫兰迪色，有很大一部分就是加了灰色的调子，把色彩变为模糊的颜色。

注：柔型人分为“柔冷型”和“柔暖型”两种。

柔型人用色范围（见图 3-22）：

柔型人有着朦胧的磨砂玻璃般的肤色，展现了一种低调奢华的宁静之美，整体给人柔和、轻盈、朴素、沉静的感觉。

图 3-22　柔型人用色范围及示例

柔型人在用色上强调温润感和雅致感，适合所有柔和的颜色即浊色，如灰绿、雾霾蓝、脏粉色等雾蒙蒙的颜色，所有加了灰调的颜色形成与肤色协调的色彩搭配，所以穿柔和雅致的混合色会别有韵味。

柔型人适合饱和度低的中等深浅的颜色，纯度不高，每种颜色中有灰色的底调，也就是生活中那些说不清道不明的浑浊的颜色，单一色调的服装很适合柔型人。柔型人不适合穿着鲜艳的色彩，也不适合那些厚重的颜色，避免形成鲜明对比。柔型人穿错颜色最大的问题在于头部的色彩与衣服的色彩脱节，无法融合在一起而产生不了和谐的感觉。妆面适合更接近肤色的色彩，以清淡、元气、自然妆为主，不要过浓、过艳，那样会破坏柔型人原有的温柔感。

七、四季色彩转变十二个季型

我们在色彩诊断过程中可按顺序分析：冷暖——四季——六型——十二型。每个季型的色板模仿的都是它所对应季节的自然色彩，这意味着肤色、发色和瞳孔色等体现的都是每个人所处的季型色，色彩分析的目的是找出这些自然色，并将其与十二季型相匹配，彻底解决我们的色彩季型的划分问题。十二季型色彩季节理论并不是简单意义上的把原来的每一季节细分为三种，而是更强调了人的六大固有色特征——深浅、冷暖、艳柔，诊断越细致，塑造的风格就越准确。

四季扩展为十二季，即浅春型、艳春型、暖春型，浅夏型、柔夏型、冷夏型，暖秋型、柔秋型、深秋型，艳冬型、冷冬型、深冬型，更加深入划分和具体用色范围见图 3-23。

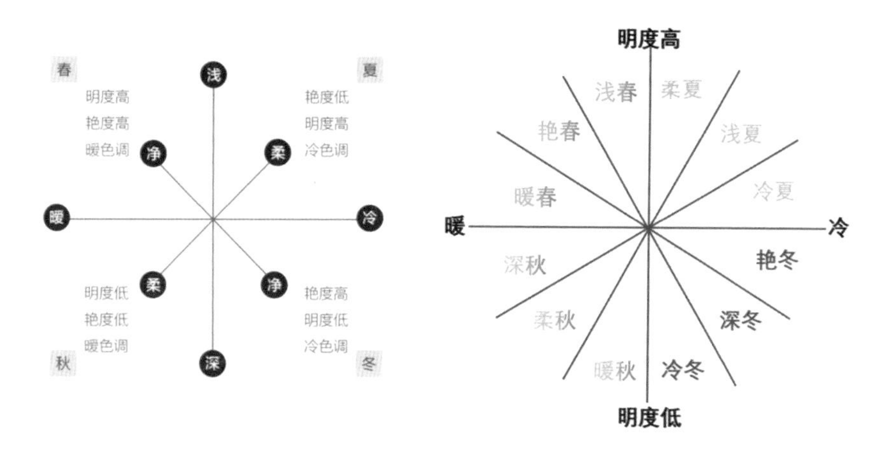

图 3-23 色彩十二季型

十二季型对每个人日常穿着打扮、染发及化妆来说都有指导意义，弄清楚自身的色彩季节类型还是很有帮助的，比起皮肤色卡几白几黄更有说服力。因色彩是完整的体系，比较复杂，还要不断地探索，其中每个季节所推荐的颜色不一定完全适合每一个人，而且人类肤色是很复杂的，可能会在有些人身上季节的色彩划分并不明显，把它当作是一种拓展思路的参考也是不错的选择。

思考题
SIKAOTI

通过这章的知识点，分析出你是“深浅、冷暖、艳柔”中的哪一类了吗？请根据自身的色彩属性，制订适合自己的色彩搭配方案。

八、服装色彩搭配技巧

颜色搭配是一个太过于复杂的事情，很多人在用色上踩过不少的雷，其实我们只要掌握几种色彩搭配规律（见图 3-24），就很容易得心应手。学会色彩搭配并不仅仅可以用在穿衣搭配上，还可以运用到家居装饰上。我们追求美、爱美更是要把这种美贯彻到生活的方方面面，这是一个人应该拥有的生活态度。

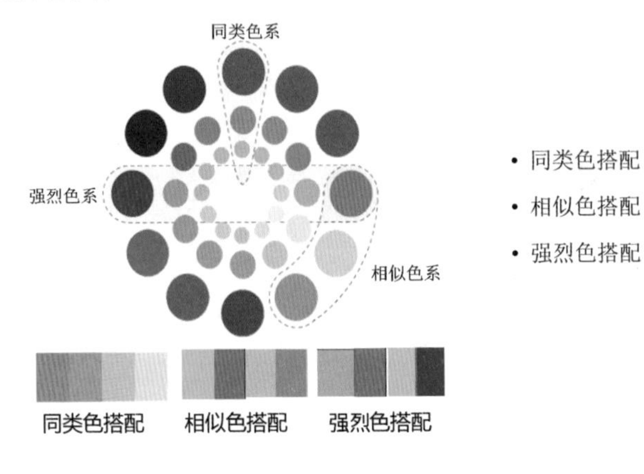

图 3-24　色彩搭配规律

（一）同类色搭配

同类色指一系列色相相同或相近，深浅、明暗不同的颜色。有层次地运用色彩的变化，利用不同的明暗搭配制造和谐的层次感，这是一种最简便、最基本的配色方法。但必须注意同种颜色搭配时，色与色之间的明度差异要适当，相差太小、太接近的色调容易相互混淆，缺乏层次感；相差太大、对比太强烈的色调容易割裂整体。同类色搭配（见图 3-25）可以达到端庄、沉静、稳重的效果，适用于气质优雅的成熟女性。

图 3-25　同类色搭配示例

同类色搭配就是采用同一个色相的搭配，这种搭配比较单一，是服装搭配中最简单、最直接的方法，关键点是一个颜色的纯度或明度的变化，会给人温柔、清雅的亲近自然感，由于有渐变的层次差异，让人看起来特别舒适。如果加入其他色相进行点缀，也可以理解为同色搭配，那么这种搭配可以作为同色搭配的一个技巧。虽然严格意义上说这样不属于同色搭配，已经跨越到其他配色原则，但在色彩上使用邻近色，这样也在同类色搭配范围内。

同类色搭配无论是运用在休闲装还是职业装上都是不出错的搭配，尤其在工作时穿着显得理性，具有精致感，是职业女性首选的服装配色方法。

（二）相似色搭配

所谓相似色系指色环大约在 60 度以内的邻近色，如红与橙黄、橙红与黄绿、黄绿与绿、绿与青紫等都是相似色。相似色服装搭配（见图 3-26）变化较多，且仍能获得协调、统一的效果。相似色或相同色的共同运用，会使着装整体看来非常和谐，美感也会大大提升，是相当聪明的穿衣方法。

相似色配色是比较时尚的人群喜欢运用的方法之一，即在色彩规律变化内的一种配色方法，打造出协调的层次变化，带来富有节奏感的韵味，给人以清新、爽朗、具有活力的感觉，是精致的配色意象。

图 3-26 相似色搭配示例

相似色搭配很适合和朋友聚会或出去游玩场合的着装风格，如果运用到职业装上，建议使用小面积的调色加以点缀，会起到更好的效果。

（三）强烈色搭配

搭配是指强烈色彩相隔较远的色系进行搭配，会让人有惊艳的感觉。在服装配色技巧中可以搭配一些低饱和度或中性色，降低色彩的强对比，这样更协调。另外要注意颜色的比例，最好不要以 1 ∶ 1 的比例出现。强烈色搭配（见图 3–27）因色彩的特征差异，能造成鲜明的视觉对比，有一种“相映”或“相拒”的力量使之平衡，因而能产生对比调和感。

强烈配色法很有冲击力，是有意识地使用相反色以及明暗对比进行色彩搭配的方法，因为色相和色调都使用对比强烈的颜色，配色意象清晰而有力，往往在舞台服装中运用比较多，尤其是广告招贴画运用得比较广泛，给人以深刻的印象。

强烈色搭配更适合那些眉眼立体的艳型人，只有这类人群才能驾驭高强度的色彩，一般的人不要尝试，尤其是柔型人很难驾驭这种服饰风格。在服装搭配法则里，取 20% 左右的惊艳色彩进行点缀最显高级，忌贪多。当然很多时尚博主、色彩达人常常穿着鲜艳、靓丽的对比色，以此来让自己显得与众不同。

图 3–27　强烈色搭配示例

（四）无彩系——黑白灰

黑白灰是最好的调和色（见图 3-28），和任何色彩搭配都很协调，可以让复杂的色彩关系变得更稳定，让凌乱的色彩分布变得有重心、有秩序。黑白灰的服装非常容易表现出利落、简约、都市、职业、理性甚至有个性的特征。越是简单的色彩越要有品质，所以一定要选择有质感、有设计感的单品。一般来说，同一颜色与白色搭配时会显得明亮，与黑色搭配时就显得昏暗。因此在进行服饰色彩搭配时应先衡量一下，想要突出哪个部分的衣饰。

在生活中不管男女老少，衣柜里一定都有黑白灰色系的服装，这三个颜色是万能搭配单品。其实基础色的搭配才最考验搭配技巧，因为黑白灰颜色少又单调，搭配来搭配去就那么几个款式，想要把基础色搭配得多变又潮流，搭配技巧很关键。

黑白灰是上班族的最爱，这种着装永不出错，还非常地简约大方、有气质。像一些窗口行业，比如银行会要求穿正装，白色的衬衫搭配黑色的西装外套，经典、简洁、利落、高级。

图 3-28　黑白灰搭配示例

潮男潮女们酷爱黑白灰，这样的基础色应该是时尚界颜色搭配的起始点了。基础色搭配可以说非常能提升气场，一身的黑色搭配霸气十足，想要把黑色穿出不一样的效果，就要大胆地运用配饰进行优化组合，穿出最有酷感的时尚范儿。

图 3–29　黑与黄、红与黑搭配示例

黑色与黄色是最亮眼的搭配，时尚界经常用此种配色进行设计；红色和黑色的搭配非常通用，却不失韵味，适合各种场合的着装风格。如图 3–29 所示。

（五）中色系搭配

衣橱中绝不能少了中性色系服装（见图 3–30），它们是最广泛的用色。衣橱的 60% 以上应为主干色，这非常重要，如黑、白、灰、米、驼、咖、藏青等，这些颜色都是衣橱必备，不太受流行色约束。中性色看起来比较柔和，不那么明亮耀眼，给人感觉轻松、沉稳、大方得体，能与一些艳丽的颜色起到调和的作用，从而突出其他颜色，适合各种场合，穿着概率更高。

图 3–30　中色系搭配示例

值得注意的是，尽量不要把黑色与深暗的颜色相配，例如深褐色、深紫色，这些颜色会和黑色呈现“抢色”的效果，令整套服装没有重点，而且服装的整体表现也会显得很沉重、昏暗，还会让人的气色会显得人不好看，看上去不够精神。

有些服装颜色很难驾驭，比较考验穿衣者的气质，还要考虑与肤色搭配的问题，但中色系没有冷暖倾向，搭配其他颜色时可以起到协调、缓解的作用。服饰的颜色之所以一直被强调，是因为会直接影响整体的色调、风格，更是会影响每个人的肤色，毕竟不是每个人都有白皙透亮的肤色，不能全部轻松驾驭各种颜色的服饰，那么在服饰搭配中想穿出青春又温婉的魅力，自然少不了服饰颜色的配合了，比如柔和、耐看、不挑肤色的中性色，很容易和其他颜色平衡，可以根据自身的体色进行调节。如皮肤轻浅的人可配浅色系，这样的配色清新减龄，很显朝气；肤色比较深的人可选深色进行搭配，这样不容易出错还显得高级。

服装色彩是服装感观的第一印象，它有极强的吸引力，若想让其在着装上得到淋漓尽致的发挥，必须充分了解色彩的特性。恰到好处地运用色彩的观感，不但可以修正掩饰身材的不足，而且能强调突出优点，展现自己的独特风格。

第四章

男生服装搭配

男生穿着打扮与女生有所不同，女生更注重外观的美感，而男生则更注重品位，其实男生的着装规则要比女生多，要想得体地彰显个性，还要掌握一定的技巧。

一、男生款式风格诊断方法

男生款式风格诊断的方法和女生诊断的方法基本上是一样的，都是根据人体“形”的轮廓和量感以及每个人的个性气质，如神态、体态、性格等，对每个人的气质氛围特征进行综合的观察与分析。

由于男生面部轮廓要比女生骨感强，而曲度不太明显，因此男生分析方法就与女生有所不同，须重点观察男生面部的五官线条感，用硬朗与柔和来区分即可（见图 4–1）。

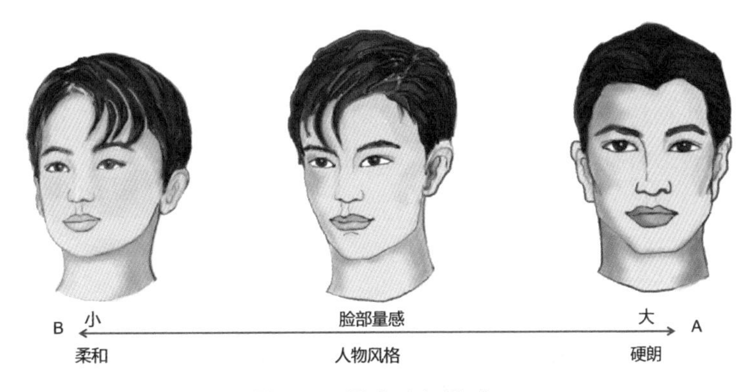

图 4-1　男生脸部量感

（一）面部特征

面部是最容易体现男生特征的地方。面部硬组织有三个：眉弓、鼻子和下颌。面部软组织主要有两个：眼睛和嘴巴。

A. 硬朗型：（大量感）脸庞大骨感强，五官立体夸张突出。

B. 柔和型：（小量感）五官线条柔和紧凑，小五官居多。

C. 中间型：（中量感）介于大小之间，五官在脸部比例比较适中。

以图 4–2 模特举例说明，本书借鉴的是目前比较权威的“西蔓男士六大风格”的传统诊断法，通过五官轮廓——眉毛、眼睛、鼻子、嘴巴、脸形的曲直，量感大小和轻重进行个人风格的诊断。对应不同特征，加 1 分或减 1 分（直线 +1，曲线 –1），看看自己最终的得分是多少，对应什么风格。

1. 脸部及五官轮廓曲直判断（见图 4–2）

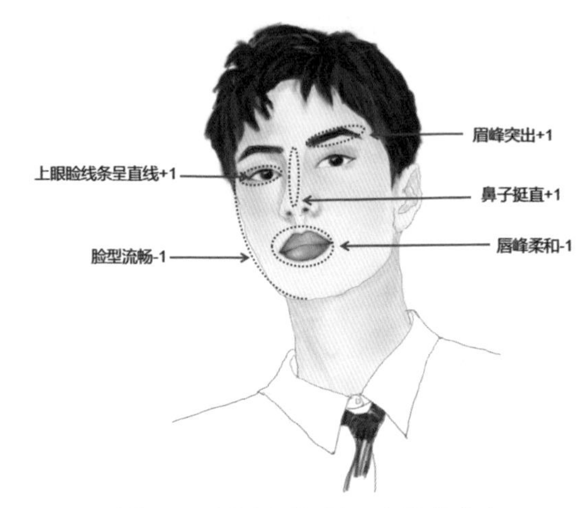

图 4–2　男生面部及五官轮廓曲直

当直线型特征≥ 3 个的时候，就是直线型五官；
当曲线型特征≥ 3 个的时候，就是曲线型五官。

2. 脸部量感判断（见图 4–3）

大量感，五官比例大气硬朗 +1；
小量感，五官比例精致紧凑 –1。

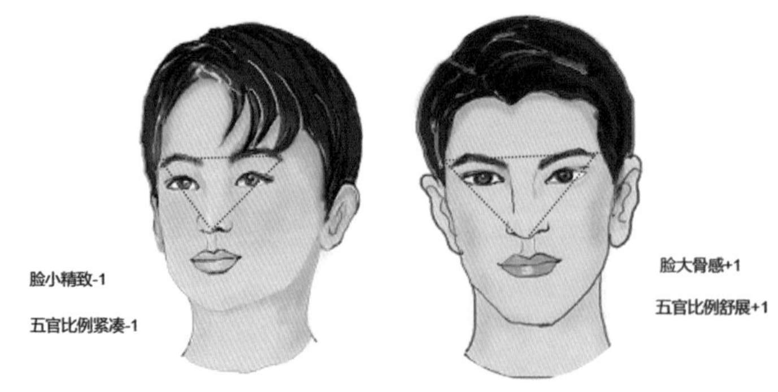

图 4–3　男生脸部量感

当大量感特征≥ 2 个的时候，就是大量感风格；
当小量感特征≥ 2 个的时候，就是小量感风格；
如果一正一负就是中量感。

总结
ZONGJIE

以上测完，你的个人风格属于哪种类型呢？

（1）直线型、大量感 = 沉稳大气；

（2）直线型、小量感 = 年轻硬朗的帅气感；

（3）曲线型、大量感 = 温和气质的轻熟感；

（4）曲线型、小量感 = 少年感、有亲和力。

例如通过以上的测试，图 4–2 模特轮廓为偏直线感（+3，−2），量感为小量感（−2），最后判断模特是直线型、小量感，可塑造年轻、硬朗的帅气风格。

（二）身材特征

身材特征可从轮廓和量感进行判断（见图 4–4）。

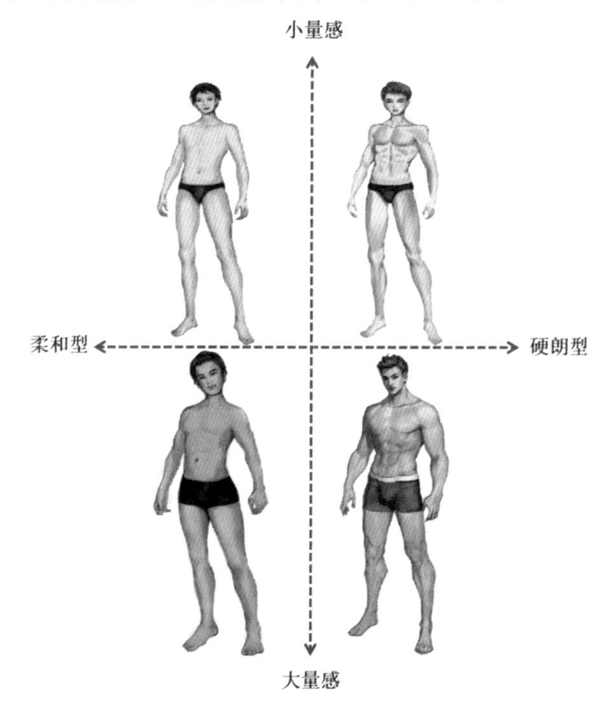

图 4–4　男生身材轮廓与量感

1. 身材轮廓

身材轮廓指肩部与身体的骨架线条的倾向。由于男生没有女生的曲度大，因此判断男生身材特征不分曲直，只用柔和、硬朗和适中来形容。

2. 身材量感

量感有大小、轻重之分。大量感：高、重、大、胖。小量感：低、轻、小、瘦。

（1）柔和型：（小量感）身材矮小，骨架偏小，有灵巧、朝气之感。

（2）中间型：（中量感）介于大小之间，身材不胖不瘦，不高不矮，比较适中的体形。

（3）硬朗型：（大量感）身材高大，骨架宽大，具有成熟、夸张、大气之感。

关于身材更加精准的算法就是身体质量指数（BMI）。

$$BMI=\frac{体重(千克)}{身高^2(米)}$$

A. 体重过低：$BMI<18.5$

B. 正常：$18.5<BMI<23.9$

C. 偏胖：$24<BMI<27.9$

D. 肥胖：$BMI>28$

判断题
PANDUANTI

（1）你的脸部轮廓：直线、曲线还是适中？

（2）你的脸部量感：大量感、小量感还是适中？

（3）你的身材轮廓：柔和型、硬朗型还是适中？

（4）你的身材量感：大量感、小量感还是适中？

二、男生服装风格分类

男生服装风格的分类，主要是根据人体的“形”特征进行分类，“形”特征分为面部特征和身材特征，以面部特征为主，五官占70%，身材占20%，性格占10%，用贴切的形容词进行描述，进而来判断出个人的风格。

男生着装风格诊断主要根据自身的身体特征、内在的气质，这些是区别于他人的标志，只有穿着和自身风格一致的服装，才能达到最佳的效果。

在服装风格定位上，主要考量的是轮廓的直曲、量感的大小，比例是分散还是集中，在这些基础上找到自己适合穿哪种风格的服装，面料和图案的大小、形状，以及适合什么样的发型等，综合判断出服装风格。

男生款式风格分为六大类，分别是阳光前卫型、新锐前卫型、自然型、浪漫型、古典型、戏剧型。我们先做个坐标进行量化（见图 4–5），这样大家看得就更加明白了。

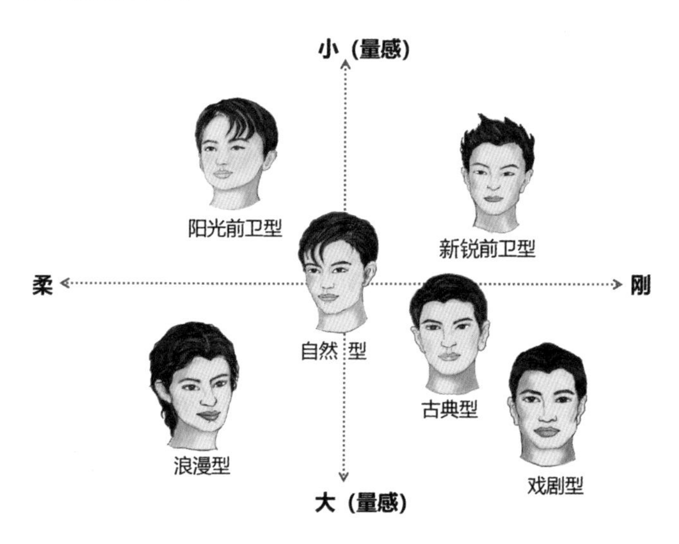

图 4–5　男生款式风格分析坐标

1. 阳光前卫型

阳光前卫型特征：小量感、柔和、年轻；通常情况下身高不会很高，骨架小，身材瘦小匀称，看起来显年轻，五官偏小，线条明朗柔和；眼神灵动、调皮；性格活泼好动、可爱、富有朝气。

搭配秘诀：阳光帅气的服饰；年轻、有个性、时尚、别致、灵动、新潮、洒脱的风格，给人很“酷”的感觉；回避古板、传统、老气的感觉。

2. 新锐前卫型

新锐前卫型特征：小量感、柔和、年轻；面部轮廓线条分明，五官个性立体，身材比例匀称，骨感，骨架小；具有锐利个性的眼神；个性尖锐、标新立异、叛逆。

搭配秘诀：标新立异的服装，适合年轻、另类、时尚、尖锐、夸张、叛逆的风格。

3. 自然型

自然型特征：中量感、硬朗、成熟；不高不矮，不胖不瘦，具有运动员的体魄，身材适中；面部及五官棱角不过于分明，有一定的柔和感；眼神随和、亲切、无距离感；性格纯厚大方、自然、潇洒、亲和力强。

搭配秘诀：适合休闲装，线条流畅、简约、利落的风格；回避过于华丽或标新立异的服饰风格。

4. 浪漫型

浪漫型特征：中到大量感、柔和、成熟；身高在170~180厘米，身材适中，比较成熟、饱满；面部与五官线条柔和，轮廓不硬直；眼神柔和；性格温柔、细腻、成熟。

搭配秘诀：奢华、成熟、华丽、夸张等风格的服装，能彰显浪漫型男生的魅力，突出圆润、华丽的感觉；回避过于随意粗糙，另类个性的服饰风格。

5. 古典型

古典型特征：中到大量感、硬朗、成熟；形体整体呈直线感，身高在175~180厘米，身材匀称适中；五官端正、精致、成熟，眉眼、嘴唇平直；性格保守、稳重、传统、知性。

搭配秘诀：适合职业套装，突出品质上乘、做工精致、款式经典的原则；回避过于另类、夸张、醒目、随意、粗糙的服饰。

6. 戏剧型

戏剧型特征：大量感、硬朗、成熟；身高偏高，肩膀宽厚，看起来比实际身高显高，180厘米以上（身高不够的可以在五官上面找，五官也可以判断为此类型）；面部轮廓线条分明、硬朗，存在感强，五官夸张而立体，浓眉大眼，量感强；眼神犀利，有威胁感；性格大气、成熟、夸张。

搭配秘诀：拒绝平庸，突出大气、夸张、时尚的装扮风格；回避平凡、小气的装扮风格。

以上六种分类法，是根据男生的性格特征与面部、身材的线条来判断并划分出来的六种类型款式风格（见图4–6）。

图 4-6　男生六种服饰风格划分示例

总结
ZONGJIE

根据自身的款式风格，然后再定位服装风格，无论是正装、休闲装、晚装，乃至配饰及发型等都可以参考此类方法，这样就可以更加省时省力地打造自己的独特风格了。你属于什么样的风格呢？

三、男生正装穿着要领——西装

西装通常是较为正式的场合中男生着装的首选。西装之所以长盛不衰，很重要的原因是它拥有深厚的文化内涵，主流的西装文化常常被人们打上“有文化、有教养、有绅士风度、有权威感”等标签。

西装的主要特点是外观挺括、线条流畅、穿着舒适，搭配衬衫与领带，则更显高雅，有权威感。西装套装通常有两件套与三件套之分，两件套最为常见，三件套则包括上衣、下裤和马甲。

西装款式中两件套与三件套示例见图 4-7。

图 4-7　两件套与三件套西装示例

按照人们的传统看法，三件套西装比两件套西装显得更正规一些，一般参加高层次的对外活动时这样穿着很绅士。

（一）穿着西装的要点

西装是男人的经典服装，以其设计造型美观、线条简洁流畅、立体感强、适应广泛等特点而越来越深受人们青睐，几乎成为世界通用的服装，可谓男女老少皆宜。西装七分在做，三分在穿。

西装的选择和搭配是很有讲究的。选择西装既要考虑颜色、尺码、价格、面料和做工，又不可忽视外形线条和比例。西装不一定必须讲究面料高档，但必须裁剪合体、整洁笔挺。色彩较暗、沉稳、无明显花纹图案、面料高档些的单色西装适用场合广泛、穿用时间长、利用率较高，多花些本钱也是值得的。

（1）西装上下装颜色应一致。如果上身穿的是黑色的，下半身穿的西裤却是蓝色的，我们想想就知道很不协调了。在搭配上，西装、衬衣、领带其中应有两样为素色，不能太花哨。

（2）穿西装须穿皮鞋。便鞋、布鞋和旅游鞋都不适宜搭配西装。

（3）衬衣的颜色应与西装的颜色相协调，不能是同一颜色，白色衬衣配各种颜色的西装效果都不错。正式场合男士不宜穿色彩鲜艳的格子或花色衬衣，衬衣袖口应长出西装上衣袖口 1~2 厘米。在正式、庄重场合穿西装须打领带，其他场合不一定都要打领带，打领带时衬衣领口的扣子须系好，不打领带时衬衣领口扣子应解开。

（4）西装的上衣口袋和裤子口袋里不宜放太多的东西。穿西装时内衣不要穿太多，春秋季节只配一件衬衣最好，冬季衬衣里面也不要穿棉毛衫，可在衬衣外面穿一件羊毛衫，穿得过分臃肿会破坏西装的整体线条美。

（5）西装上衣纽扣有单排、双排之分，纽扣系法也有讲究。双排扣西装应把扣子都扣好，也可以不系最下面的扣子，但不能敞胸露怀。单排扣西装，一粒扣的，系上端庄，敞开潇洒；两粒扣的，只系上面一粒扣是洋气、正统，都不系敞开是潇洒、帅气，全扣和只扣第二粒不合规范（见图 4–8）。三粒扣的，系上面两粒或只系中间一粒都合规范要求。

图 4–8 西装纽扣的系法示例

（二）穿西装须注意的细节

（1）西装上衣的长度要盖过臀部，衬衫领子须比外套高出 1~1.5 厘米，衬衫袖子比外套袖子要长出 1~1.5 厘米。

（2）男生出席正式场合穿西装、制服，要求三色原则，即身上的颜色不能超过三种颜色或三种色系，系带的皮鞋更为端庄（皮鞋、皮带、皮包应为同一颜色或色系），不能穿尼龙丝袜和白色的袜子。

（3）根据身材选择款式，例如身高体胖的人选择西装款式时不宜选窄领上衣，那样会显得脸大体胖；小个子的人不宜穿双排扣西装，否则很难驾驭。对于小个子的人来说，上装的下摆可以从臀围处向上移 1.5 厘米左右，这样会显腿长，身材比例看着匀称些。

（4）整洁的发型，精神抖擞的状态和优雅的举止是更好的装点，胜过一套昂贵的西装。

（三）西装标配——衬衫的风格

衬衫既正式又不失时尚感，是衣橱必备的单品，而且衬衫款式远比我们想象中的更多样。社交场合的男性或工作中的男性都希望塑造优雅、庄重、随和的形象，那就应选择质地精良、做工考究的中性色衬衫，而那些柔软、艳丽、个性化的衬衫则应留在休闲场合里亮相。

白色为衬衫里的经典色，应该多买一些白色衬衫，也可以买一些如象牙色、灰色、浅蓝色等柔和色调的衬衫，浅色衬衫比深色衬衫更容易搭配。

1. 如何穿西装衬衫

（1）衬衫衣扣必须全部扣好；

（2）大小要合适（颈围）；

（3）袖长要适度（腕部）；

（4）下摆要放在裤子里。

2. 西装与衬衫的搭配

（1）衬衫应为正装衬衫；

（2）最佳颜色为白色；

（3）无图案和净色为宜。

（四）西装灵魂——领带的选择

领带是男生服饰的窗口，是西装的装饰品，也是西装的灵魂。在正式场合，如不系领带，就算穿着再高级的西装也会显得苍白无力。对男生来说，领带是可以引人注目，而又可以频繁变化且不至于过分张扬的配饰（见图4–9）。

当系上一条领带以后，它那一份色彩，那一份变化，那一份雅致便无法掩盖地流露出来。男生会试图将自己丰富的内心世界，通过所选择的领带传达出来。

图 4-9 领带示例

1. 选择领带要领

（1）品质：最高档、最正宗的面料就是真丝。

（2）色彩：以蓝色、灰色、黑色、棕色及深红色为佳，这些颜色适用范围最广。

（3）图案：规则图案及传统图案为佳。

（4）款式：领带的宽窄要与西装上衣的衣领大小成正比。

温馨提示：简易式领带（易拉得）不适合正式场合佩戴，领带下端以箭头型为宜；领结适宜与礼服和翼领衬衫相搭。

2. 领带的花纹

领带的图案繁多，但基本上领带的花纹可分为圆点、条纹、格子、提花、立体花纹等（见图 4-10）。关于领带图案有许多约定俗成的规则。拿领带的花纹来说，其象征意义真可谓不胜枚举：圆点、方格代表中规中矩、按部就班，很适合初次见面和见长辈、上司时佩戴；不规则图案体现出活泼、个性、创意和朝气，适合在酒会、宴会和约会时佩戴。

（1）斜纹。斜纹的领带来自英国俱乐部以及军团制服所使用的花纹，代表果断、权威、稳重、理性，很适合在谈判、主持会议或演讲的场合佩戴，现在运用范围最广。

（2）圆点。圆点越小，给人越正式的感觉，圆点大的领带让人显得更有精神，但过大就滑稽了。圆点图案代表饱满、成熟，是职业男性的首选。

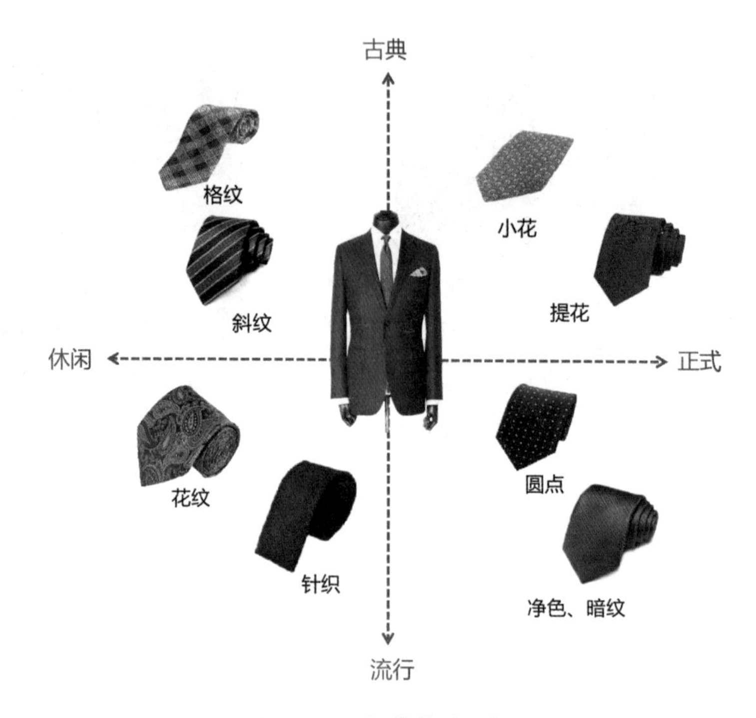

图 4-10 领带花纹示例

（3）提花。丝质提花，通常是金或银的颜色，织成的结构就是领带的花纹。这样的领带古典又奢华，很适合在比较隆重的场合佩戴。

（4）净色。没有任何图案，是低调的奢华，现在很流行也很时尚，是年轻男性最喜爱的款式。

（5）格纹。格纹代表智慧、热情，适合于各种场合佩戴。

3. 领带与西装上衣领子宽度

西装上衣通常是单排两粒扣的，西装上衣领部会形成一个 V 型区域，给领带留出广泛的空间，如果知道其中的奥秘，会发现这里有很多黄金分割比例。

完美比例为 A ： B=1 ： 3；a=b。A 代表领带结宽度，B 代表衬衫领与西装上衣内交汇的最大宽度；a 代表领带与西装上衣内交汇的最大宽度，b代表衬衫领与西装上衣交汇处的垂直驳头翻折处的最大宽度（见图 4-11）。

图 4-11　领带与西装上衣领子宽度示例

4. 领带与衬衣搭配技巧

很多男生意识到领带的重要性，但怎样搭配最得体呢？记住下面七种方法就很容易掌握了。

（1）领带颜色比衬衫深。

（2）条纹衬衫与领带的搭配要注意图案的大小比例，以一宽一细，一大一小为原则。

（3）格子衬衫要搭配图案较大的领带，这样领带才能显色。

（4）海军蓝领带是百搭色。

（5）波卡圆点会显得年轻又时尚，也是百搭款。

（6）同色系搭配最和谐，也较容易掌握，但是西装、衬衫与领带三者的明度和纯度要有所变化，避免过于呆板，这样既有亮点又有职业精神。

（7）对比色搭配更具时尚感。比较特别的衬衫颜色和花色在搭配领带时，可以先从对比色和互补色着手。

（五）西装必搭——鞋袜的规范

人们经常说："女看头，男看脚。"对于男生来说，鞋子的选择非常重要。鞋可以反映一个男生的生活条件、身份、职业、性格、阅历和爱好等。对政界、商界男性来说，鞋袜在正式场合亦被视作"足部的正装"，不遵守相关的礼仪规范，必定会令自己"足下无光"。

从着装礼仪来看，穿正装时，注意袜子的长度要到小腿（见图 4-12），鞋子和袜子的色调要协调一致，一般深色的正装应该用深色的鞋子和袜子搭配。

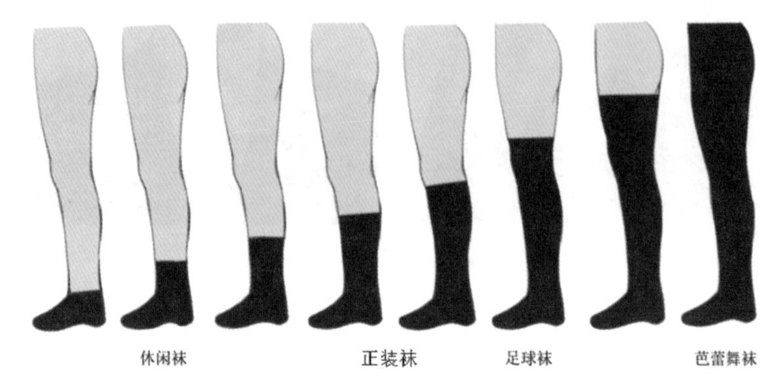

图 4-12　男士袜子的长度

1. 西装与鞋袜的搭配

男生穿袜子最重要的原则是讲求整体搭配，多数时候，长长的裤身会直盖鞋面，只有在不经意间才能看见袜子的存在。此时，它的色彩、质地、清洁度就会成为着装人品位的打分依据。袜子也是比较有讲究的，一般情况下深色的袜子代表庄重和正规，这是对他人的尊重和礼貌，同时也显示出着装人的内涵和修养。在正式场合，深色正装是不能配浅色袜子的，相反亦然（见图 4-13）。

图 4-13　西装与鞋袜搭配示例

正式场合穿的皮鞋应该是深色的，以黑色为佳，庄重而正统的鞋子应是系带皮鞋。袜子的颜色也应为深色和单色，袜子面料最好为纯棉、纯毛制品，袜子以无图案为最佳。

2. 男生袜子的讲究

在日常生活中常见的一个错误是男生坐着的时候，从西裤的裤腿和皮鞋之间露出来一截雪白的棉袜，这种不和谐是正装和休闲袜搭配混乱造成的。另外，穿正装时不可穿太短的袜子，西装袜的长度应到小腿处，这样一条腿搭在另一条腿上时不至于露出腿部的皮肤，否则是不礼貌的行为（见图 4-14）。

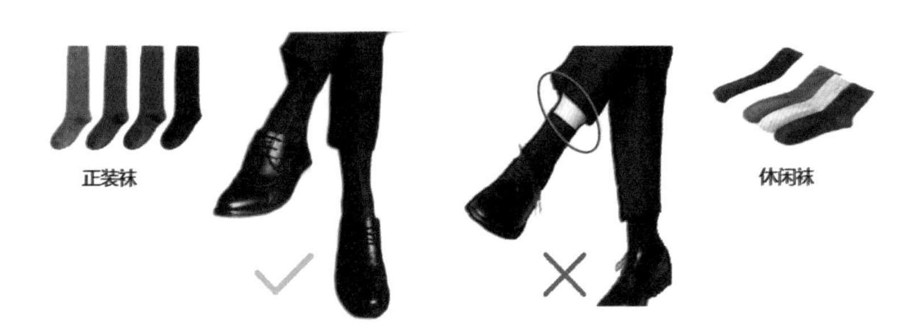

图 4-14　西装与袜子搭配示例

综上，男袜被分成两大类——深色的西装袜和浅色的纯棉休闲袜，白棉袜只能用来配休闲服和便鞋。上班穿正装，要注意西裤、皮鞋和袜子三者的颜色统一或相近，使腿和脚在色调上是完整的一体。例如，周一穿藏青色的西装和黑色皮鞋，那么袜子就应该选藏青或黑色的；周二穿银灰套装和咖啡色皮鞋，那么袜子可以是深灰或咖啡色系的。袜子长度是否合适，可以通过下面这个简单的方法来判断：在椅子上坐下来，然后将一条腿搭在另一条腿上，此时只要不露出腿部的皮肤，袜子的长度就是合适的。

四、男生服装单品必备

男生的服装款式不像女生的那么丰富多彩，正因如此，更要注重穿着搭配问题了，得体的装扮是品位的象征，也会给人留下良好的印象。男生在选择服装时，首先要以简约、经典、不过时的单品为主，这样不仅衣着得体，而且还永不落伍。男生追求精致，衣服的数量不一定多，但一定要齐全。如果衣橱中几乎每一件衣服都可以随意搭配，会让人有十足的安全感，还能根据季节变化在各种场合中打造出最适合自己的风格。那么男生应必备哪些服装单品呢？下面给出男生必备服装单品（见图 4-15）。

图 4-15　15 种男生必备服装

（一）外衣

1. 休闲西服

必备理由：儒雅自在

休闲西服综合了休闲与职业的特质，穿着起来比较舒适自在，肩线自然，可以明贴口袋或者肘关节可带有装饰补丁，注入时尚元素。

之所以称作休闲西服，就是衣长标准不一，宽松与紧身也不一，而且会随着时尚趋势改变，可以根据自我偏好和风格来选择款式，不像正式的西装那么格式化，又能体现出儒雅帅气的感觉。

2. 夹克衫

必备理由：最有创意的服装款式

要说男装变化最丰富的款式就数夹克衫啦。无论是款式设计还是面料选择，夹克衫都能很好地运用时尚元素，很容易找到个人风格，是一件不可或缺的单品。

要注意的是，在选择上应多考虑和体形相搭配，体胖的人可选用 V 字领单排扣，使穿着者达到一种肩部缩短、脖子拉长的效果。小个子的人，选择的款式应相对地简洁，领子不要太大，前襟的装饰不可过分复杂，否则会更压个子。

3. 开襟毛衣

必备理由：方便指数最高

开襟式毛衣是保暖性与实用性极高的单品之一，易于在换季时搭配各种服饰。颜色的选择以中性色系为宜，这样容易和其他单品搭配。开襟式羊毛衫，质地柔软，穿着舒适，把它穿在衬衫的外面，可以取代运动外套，营造出休闲的装扮风格。

4. 西服套装

必备理由：职业精神与权威感

西服套装之所以被列为男生服装首选，是因为它最能展示男生的魅力。

作为成功男性必须要有几套正装，而藏青色或灰色的西服是穿着范围最为广泛的。所以，男生衣橱里至少要有一套上点儿档次的西服套装。

注意，西服的上衣肩部都必须恰到好处地包裹住身材，同时腰部应该是修身裁剪，西服合体才可以穿出神采来。如果西服有了这两点，就可以出席任何正规场合了。

5. 风衣

必备理由：英姿飒爽

风衣起源于第一次世界大战时西部战场的军用大衣，被称为“战壕服”，经过历史的考验，已成经典款式。风衣是春秋季不可缺少的单品之一，像米色和咖啡色是经典不衰的颜色，最好选择经典的款式，不要选太花哨的设计风格。

6. 大衣

必备理由：永恒的款式

男生大衣的款式以海军双排扣呢子大衣为经典。海军双排扣呢子大衣是冬、春季不可缺少的单品之一。宽宽的肩线，翻折的领子，给大衣加入一些军装元素，霸气感十足，让人散发出男子汉的魅力。

海军双排扣呢子大衣端庄大方，外形挺括，任何体型看起来穿着效果都不错，再加上保暖系数高，已成为永恒的款式。在选择时要确保大衣肩部有足够的空间以搭配西装或多层衣服在其中，同时保证其衣长能够遮住西服外套。

（二）上衣

1. 正装衬衫

必备理由：永远的经典

穿西装必备衬衫，而白色衬衫几乎能搭配所有的外套，是衣橱中绝对不能缺少的单品之一。

注意，衬衫衣领的部位应该保证舒适，当系上扣子的时候，能容纳两个手指最好；袖子的长度应该是自然下垂的时候，袖口正好在手腕关节处。基本上，任何单品都可以和白色衬衫搭配，上班的时候就可以搭配西装和领带，休闲时可以搭配牛仔裤和夹克衫。

2. T 恤衫

必备理由：最为实用

T 恤衫，要选用合体中性色，一件完美的 T 恤衫应该在不被人察觉的情况下，就能衬托出有型的上半身。看似普通，但很有男子汉魅力。如白色、黑色、灰色、蓝色圆领口的 T 恤衫都很百搭，而且还永不过时，所以衣橱中绝对不能少这几种颜色的 T 恤衫。每款 T 恤衫不仅可以和休闲牛仔裤搭配，还可以穿在西服上衣里面，也是百搭的单品。

3. Polo 衫

必备理由：男士的最爱

具有英伦风格的男士 Polo 衫介于正式与休闲之间，它不像无领 T 恤衫那样过于随意，又不像衬衫那样呆板严肃，所以无论是在休闲的场合还是在职场中，男士 Polo 衫无论搭配长裤还是短裤都非常适合。

一件修身的中性色 Polo 衫，毫无疑问算得上一件百搭的时尚单品，可以轻松和其他衣服搭配。可选择白色、黑色、藏青色 Polo 衫来巩固实用性，同时也要合身，确保敞开领子的时候不要太松垮。

4. 格子衫

必备理由：经典图纹

格子衫可谓是全世界男生都喜欢的花色图案的衣服，从白领到蓝领都爱不释手，也不受年龄限制。

格子衬衫如红格子、蓝格子、绿格子都已经成了经典色，怎么穿都不会落伍，也是一年四季里不可或缺的单品之一。

5. 牛津纺衬衫

必备理由：实用耐穿

牛津纺是一种面料的织法，指的是织布时横竖棉纱的交迭次序，牛津纺衬衫观感比较接近细牛仔布的面料。

牛津纺衬衫是学院风的典型代表，无论是搭配牛仔裤还是运动鞋或西装都是不错的选择。它最大的特点就是不熨烫也很平整，美观、大方、实用、耐穿。在选择时，可尝试一些鲜艳的色彩，如天蓝、粉色、薄荷绿和黄色等，为休闲服穿着注入一些活力。

6. V 领套头衫

必备理由：修饰体形

V 领套头衫有拉长脖子的视觉效果，所以个子不太高的男生可以穿 V 字领，从视觉上拉长自己的高度；身材魁梧的男生，也可以穿 V 字领，让自己显得不那么庞大。如果脸比较圆或比较宽，V 字领也可以帮助平衡胸部以上的视觉效果。

V 领套头衫能套在白衬衫外面、穿在西服里面，能显得儒雅不臃肿；还可以在春天气温回升的时候和牛仔裤搭配在一起，也是很协调；颜色上宜选择深色或纯色，比如咖啡色、海军蓝和黑色等；面料有纯毛、亚麻和棉毛等材质，可根据自己的风格和保暖程度来选择。

（三）下装

1. 牛仔裤

必备理由：永远时尚

牛仔裤是最常见也是最经典的单品之一，常被那些极具创造力的男生用来搭配西装外套出入职场。

牛仔裤既普通又时尚，记住尽量避免选用那些令人不舒适和不恰当的破洞以及过度装饰的牛仔裤，因为那些款式很容易被淘汰。应选择藏青色或靛蓝色的水洗牛仔裤，这样的选择永远不会过时，它们不仅是经得起长时间穿着的经典款式，而且兼具多种功能性，和浅色牛仔裤比起来，深色的牛仔裤更容易搭配。

2. 斜纹棉布裤

必备理由：干净利落

斜纹棉布裤比起牛仔裤更加讲究些，有着儒雅书卷气质，内敛、低调。

斜纹棉布裤可以和中性色的 T 恤衫进行搭配，还可以和衬衫、休闲西装搭配，总之无论怎样搭配，都很斯文、帅气，所以是衣橱里不能缺少的单品之一。如果有条件的话，不妨多备几条中性色系的棉布裤，如米色、棕色、蓝色等，这样就能搭配出不同的风格。

3. 短裤

必备理由：夏季圣品

短裤在炎热的夏季里也是不能缺少的，是衣橱里必备单品之一，而且要有多条，可选择纯棉或是亚麻的面料。藏青色、灰色或米色，都是永不过时的颜色。

短裤一定要修身裁剪，裤脚最好在膝盖以上一两厘米处，因为再长一点儿就成了中裤，再短一点儿就成了游泳裤了。在选择款式时，宜简洁大方，避免太花哨的设计风格，这样就很容易搭配任何衣物了。

以上 15 种都是男生服装的最基本款，易于相互搭配，而且还能让你在各种场合都有衣服穿，打造出不同的风格，尽显男性风采。

总结 ZONGJIE

以上 15 种服装，你还缺少哪一件呢？

五、男生衣橱规划

男生的衣橱里衣服数量不用太多，但每个季节和款式的衣服都应齐全，且每件都可相互搭配。衣橱里最好 80% 是经典款式，当你什么场合都有衣服穿的时候，会更加自信，更加喜欢社交。但是每个人应该根据自己的经济情况，选择能力范围内质量最好而不是品牌最好的衣服。下面是具有绅士风度的男生基本衣橱规划，仅供参考。

1. 正装西服（见图 4–16）

图 4–16　正装西服示例

2. 休闲西服（见图 4–17）

卡其色斜纹

驼色灯芯绒

深色图案粗纺呢

图 4–17　休闲西服示例

3. 正装衬衫

白色衬衫 3~5 件，蓝色、灰色、条纹等各 2 件（见图 4–18）。

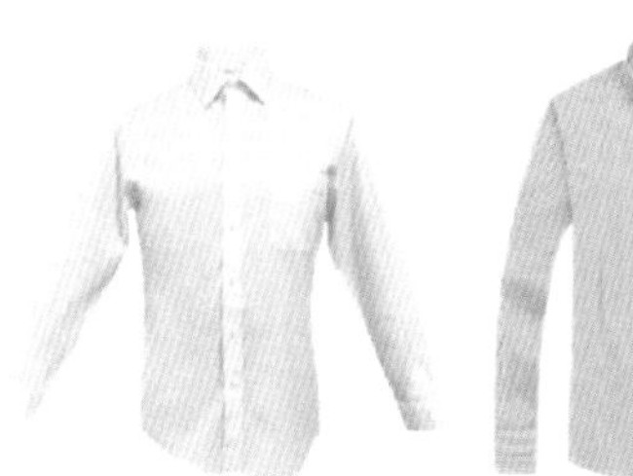

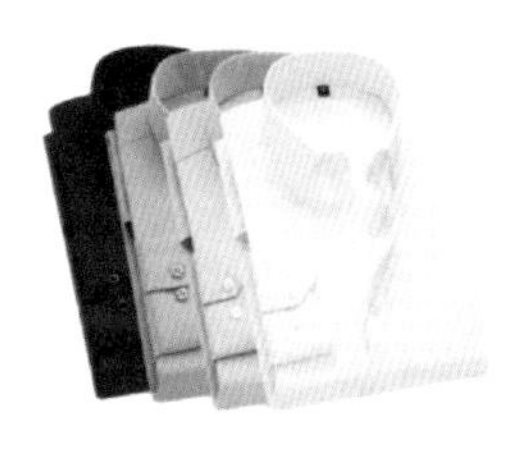

图 4–18　正装衬衫示例

4. 休闲衬衫

单色 3 件，格纹及有图案的 3 件，牛仔衬衫 1 件，短袖衬衫 5 件（见图 4–19）。

图 4–19　休闲衬衫示例

5. 裤子

正装裤 3~5 条，休闲裤 3~5 条，牛仔裤 3~5 条（见图 4–20）。

图 4-20　裤子示例

6. 短裤

单色中性色系 3~5 条，如米色、灰色、蓝色。（见图 4-21）。

图 4-21　短裤示例

7. T 恤衫

（1）长袖 3~5 件，有领、无领、高领、V 字领各 2~3 件（见图 4-22）。

图 4-22　T 恤衫示例

（2）短袖 5~8 件，以素色为宜，尽量减少有图案的款式（见图 4-23）。

图 4-23　短袖示例

8. 毛衣

高领毛衣 2 件，单色 V 字领毛衣 2 件，单色圆领毛衣 1 件，有图案的毛衣 1 件，针织开衫毛衣 1 件（见图 4-24）。

图 4-24　毛衣示例

9. 风衣和大衣

驼色或米色风衣，黑色呢子大衣，羊绒外套（见图 4-25）。

图 4-25　风衣和大衣示例

10. 黑色皮夹克、中性夹克衫、艳色防寒服（见图 4–26）。

图 4–26　不同种类的外套示例

11. 背心（见图 4–27）。

图 4–27　背心示例

12. 短裤和内裤

拳击短裤、四角内裤、三角裤（见图 4–28）。

图 4–28　短裤和内裤示例

13. 袜子

正装袜、休闲袜、创意袜各多双（见图 4–29）。

图 4-29 袜子示例

14. 领带

单色、条纹、圆点、传统花纹图案各 1 条（见图 4-30）。

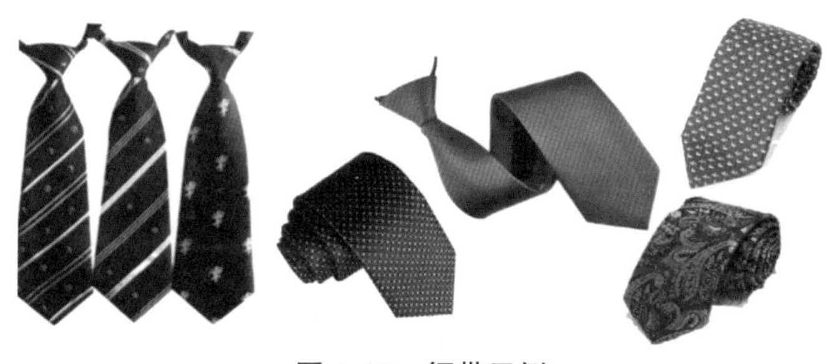

图 4-30 领带示例

15. 围巾

冬季 1 条，春秋季 2 条（见图 4-31）。

图 4-31 围巾示例

16. 鞋

正装皮鞋、牛津皮鞋、高帮靴各 1 双，无带休闲鞋 2 双，跑步鞋、板鞋各 1 双（见图 4-32）。

图 4-32　各式各样的鞋子示例

17. 包

公文包、休闲包、双肩包、手包、钱包都要有（见图 4–33）。

图 4-33　各式各样的包示例

18. 配饰

帽子、手表、皮带、眼镜都不能少（见图 4–34）。

图 4-34　配饰示例

六、男生服饰搭配原则

男生可以不用讲究太花哨的服装设计，基本款是不出错的保证，只要保持得体就很好，穿着干净、舒适，让人有种信任的感觉。男生穿衣以简单大方为主，在色彩搭配上，主服色彩遵循三色原则——黑色、白色及米色，这三种颜色被称为“百搭色”，和其他任何色彩进行搭配都很合理，是永不出错的选择。男生穿冷色调最合适，因为冷色调能突显出男性的沉稳，而且男生肤色整体偏暗，所以穿冷色调的衣服是更合适的。冷色象征着成熟、沉稳，所以职业装多采用冷色调的深色。但如果皮肤白净，又是小量感的男生，就很难驾驭大廓形的冷色调，这种类型无需刻板地追求男子汉的着装方式，可考虑冷暖色兼备，还可以选择暖色调进行搭配，让人有年轻、帅气、阳光的气质。

根据自我风格诊断方法，了解自己的优缺点，明白哪些优点是需要展示的，哪些缺点是需要遮盖的，不是每件衣服都可以随意穿着。定好自己的风格，穿上适合自己的衣服才能加分。

服装不仅本身很重要，配饰也起到了至关重要的作用，鞋帽、手表、皮带、眼镜等，时刻都能起到画龙点睛的作用，可谓小配件大品位，同时小配饰对整体着装还能起到调节的作用，充分反映个人的着装风格和品位。

第五章

礼服知识

礼服是在庄重的场合或举行仪式时穿的服装，又称礼仪服装，是人们在一定社会环境中长期以来建立的服装规范，是在各种条件的相互作用下被社会公众认可的仪态与仪表准则。

一、礼服的规则

礼服是礼仪的一种通用语言标志。凡是参加外事活动，或迎宾、结婚等各类正式的、严肃的场合都应穿着礼服。礼服具有一定规则性需要，需要根据国际通用的 TPO（Time、Place、Occasion）原则穿着。

礼服的规则也就是“规定方向”这些极为确切的提示，这些规则对礼服穿着有指导意义，更准确地说原本是针对男装礼服提出来的规则，后来逐渐形成具有格式化的规则。

在国际社交场所，礼服的着装规则更多的是指男装，且以套装为主，女装款式以裙装为主，除了裙长，其他方面约束较少，这就是在正式场合里男士礼服显得整齐划一，而女士礼服却丰富多彩的原因。

首先礼服要有传递时间信息的功能。在 19 世纪以前的欧美诸国，就有早、中、晚换装两到三次的习惯。崇尚古典习俗和怀旧心理是礼服存在的文化价值，所以根据时间和场合换装一直持续至今不足为奇。因此，在正式社交场所通过服装去判断时间是很实用的。

礼服的时间界定是以夜幕降临的时刻为准，大约以 18 点为界限。18 点之前为日间礼服，18 点之后为晚间礼服，即以掌灯时分作为礼服时间的限定。时间还对礼服的形制有所影响，日间礼服以严肃、正式的款式居多，晚间礼服以晚宴、娱乐为主。不同时间的礼服造型和配饰也有所不同，还有换装所依据的关键一点就是环境与光线的变化。

礼服分正式礼服、半正式礼服和便装礼服三大类别。礼服的类别很像一种格式符号，即什么样的场合、规格都有相应的礼服规则，这样就可以避免因着装失误而让人处于尴尬境地。因此，男装礼服的惯例规定，采用更易识别的礼服专有名词。最为典型的是，在接受重要的邀请时，请柬上注明诸如 in white tie（系白色领结，意为穿燕尾服前往）、in black tie（系黑色领结，意为穿塔士多礼服前往）、nodress（意为请着便装，属于便装礼服）。如果缺乏对礼服类别符号的识别，只凭空想象，往往会陷入十分尴尬的境地。

二、礼服的分类

国际通用的礼服有日礼服、鸡尾酒服、晚礼服、婚礼服、仪仗礼服、葬礼服、祭礼服等。

（1）按出席场合分：有大礼服、小礼服和日常礼服。

（2）按穿着时间分：有日礼服、晚礼服。

（3）按出席场合的性质分：有鸡尾酒会服、舞会服、婚礼服等。

礼服能提升形象也能显示出个人的品位，同时也很容易暴露人们对社交礼仪的熟知程度。穿衣戴帽不仅是个人行为，也要考虑时间、地点和场合，用服饰无声的语言来诠释内在修养。

三、男生礼服着装要点

虽说男生服装款式简单，不像女生服装那样丰富多彩，但在着装礼仪上男生的礼服却更为规范和讲究。男生礼服可分为第一礼服、正式礼服和日常礼服。服装可以树立个人形象，同时也有约束的作用，尤其是平时穿惯了休闲服饰的男生要注意了，当你收到一些活动的请柬时，常常看到附注的 dress code（直译为“着装规则”），即活动对参与者着装的要求，也代表了宴会的级别。dress code 的作用是告诉我们，需要穿哪个礼仪级别的服装赴宴。如果不懂得着装要领，仅凭着想象力是很难做到的，那我们的形象就会大打折扣。在出席重大场合的时候，想要服装得体，礼服自然是不二选择。

男生礼服的种类以及穿着的要领，对于一个成熟的男性而言，是必须了解、遵守和认真对待的。我们在出席正式场合时，都要做好正确着装的准备。因此，了解正确的着装礼仪是对活动举办方的尊重，因为不同的场合也需要穿不同的礼服。最为人们熟识的就是以下要介绍的三种。

（一）燕尾服

燕尾服又称为第一礼服，是最为正式的晚礼服，号称“男士礼服之王”（如图 5-1 所示）。如果在正式请柬上有 white tie 的字样，就说明这是最高级别的场合，这是特定礼仪和社交场合的装束，它的搭配有相当多的礼节，带有明显的欧洲旧贵族的风范。

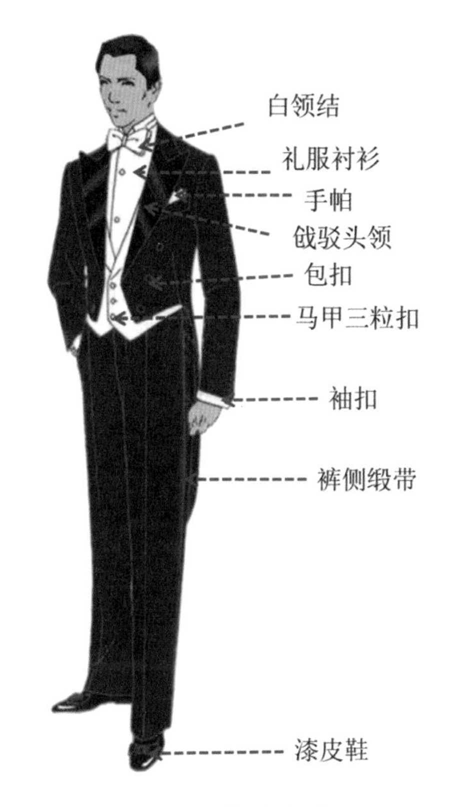

图 5-1　燕尾服示例

燕尾服最初是英国男性（中产阶级以上）出席社交场合必备的礼服，现已成为盛大庆典最为标志的服装（大礼服）。燕尾服多以黑色为正色，表示严肃、认真、神圣之意。当然近几年白色也是比较受欢迎的颜色，因为白色燕尾服少了一些黑色的严肃，更添时尚气息。燕尾服一般采用羊毛材质，面料高级，做工精致，配饰讲究，是礼仪场合标志性的服装。其中黑色和深蓝色适合参加晚宴，也是最为时尚的，这种时尚也一直延续至今。

在国际上，正式的盛大宴会应穿着第一礼服——燕尾服最为合适，现在有很多新郎官在婚礼庆典上也穿着燕尾服。燕尾服与配件的组合比较繁杂，但我们不可不知，要为自己挑选一套合适的燕尾服，还要注意下列事项。

燕尾服着装要领：

燕尾服最大的特征是形似燕尾的圆弧和开衩状的后背下摆，一般搭配白领结、双排扣或三粒扣的小马甲，由于要求系白色的领结，于是又被称为 white tie。其实它的下装也是很讲究的，与一般西裤不同，燕尾服裤子的腰线比普通西裤要高，面料更讲究；颜色为黑色或者深蓝色；一般不用腰带，用背带；裤腿外侧有两条与领口同色的丝质缎带或者是一块大的缎带，裤脚不翻边，裤脚口还有白色的丝绸缎带做装饰，这才算得上是正式的燕尾服；袜子必须得穿黑色的，长度及膝。如图 5-2 所示。

图 5-2　燕尾服配饰示例

（二）晨礼服

晨礼服曾经是欧洲上流阶层出席英国阿斯科特（Ascot）赛马会金杯赛时穿着的服装，因此也被称为“赛马礼服”。后来晨礼服被视作白天参加庆典、星期日的教堂礼拜以及婚礼活动的正规礼服。正规晨礼服上装长度与膝齐，胸前仅有一粒扣，长裤是用背带的，背带的颜色应选黑色或黑白色条纹。

晨礼服的上衣乍看上去很接近正规燕尾服，但其实只要仔细观察就不难发现，燕尾服的设计是前短后长的，并且通常会是双排扣，而晨礼服的下摆没有明显的前短后长分割，而是流畅的一体设计。不过穿着晨礼服时应避免露出衬衫和背带扣。最规范的晨礼服的裤子和上衣所采用的颜色是不同的，一般上衣为黑色羊毛面料，而下装是灰黑色的条纹裤，如图 5–3 所示。

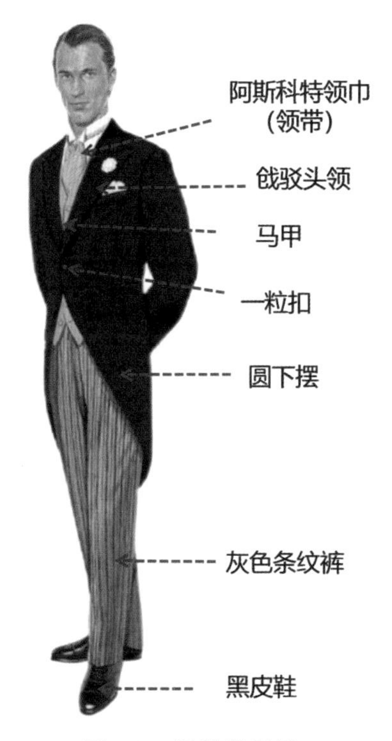

图 5–3　晨礼服示例

晨礼服着装要领：

晨礼服的标准款式为戗驳头领，一粒扣，大圆摆，袖扣以四粒为标准。晨礼服的服装和配饰具有专属性，特别是表示日间礼服的裤子、阿斯科特领巾（或领带）、皮鞋等，不能和晚间礼服的元素交换使用，故被视为日间礼服的“标准件”。晨礼服的马甲是专用的，它的裁剪也是独一无二的，是双排六粒扣。白手套、大礼帽、三接头牛津皮鞋和勾柄手杖是其惯例上的经典组合。如图 5-4 所示。

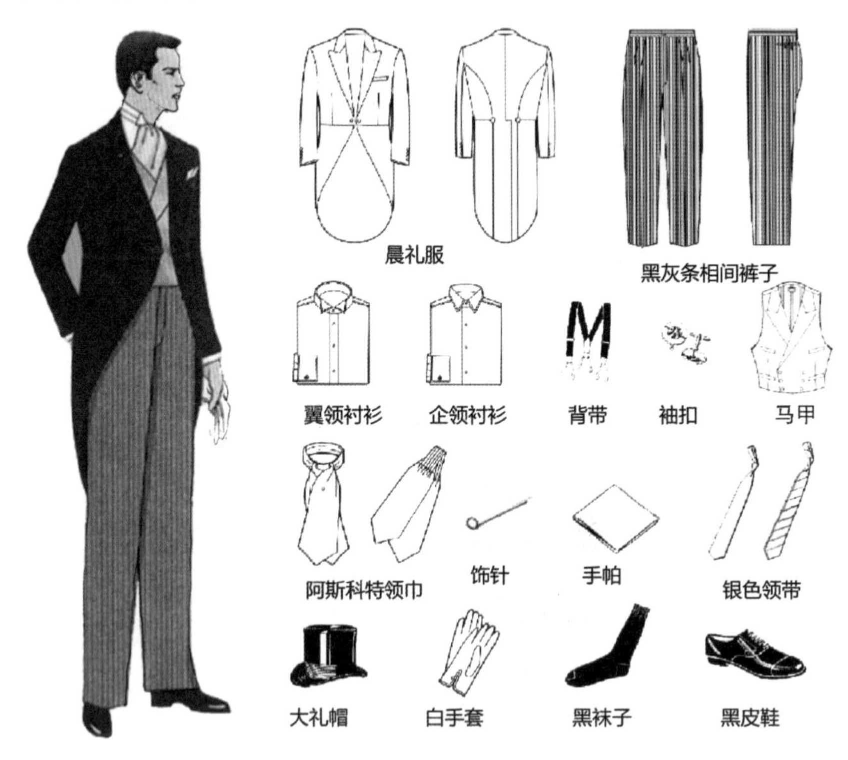

图 5-4　晨礼服配饰示例

（三）塔士多礼服

塔士多礼服是现代最广泛穿着的服装，既然是在隆重场合穿着的服装，品质当然要考究。塔士多礼服可以理解为小礼服，是一种半正式的无尾男士礼服，同样也属于晚礼服的范畴。随着时代的变迁，在各种盛大宴会及国际电影节颁奖的场合，人们更加青睐用塔士多礼服替代燕尾服。

塔士多礼服成为任何时间都可以穿着的一款礼服，无早晚之分，塔士多礼服使用黑色领结，是被运用得最广的 black tie 标准晚礼服。塔士多礼服穿着时虽然比不上燕尾服的严谨规则，但现今社会晚间的正式场合，它已基本取代了燕尾服而形成新的礼服格局，这是男生最需要学习和掌握的礼节。

塔士多礼服着装要领：

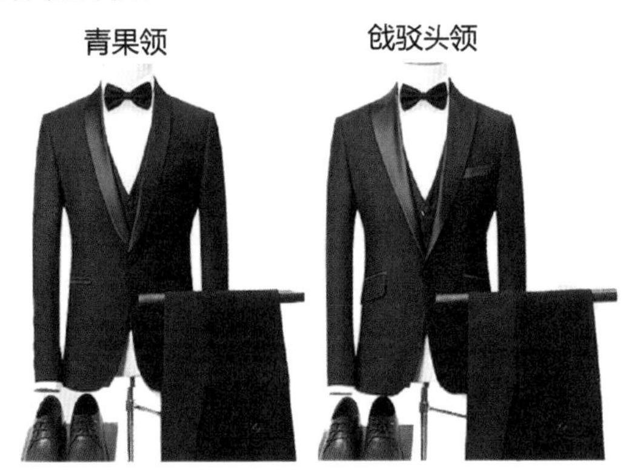

图 5-5　塔士多礼服款式示例

塔士多礼服也称小礼服，标志性的特点就是拥有缎面翻领。领子设计有戗驳头领和青果领两种（如图 5–5 所示），有单排扣和双排扣之分，裤子不用腰带而用腰封，黑色领结与黑色漆皮鞋搭配（如图 5–6 所示）。日礼服只是取消了所有的镶缎，镶缎是晚礼服的象征。

图 5-6　塔士多礼服示例

塔士多礼服可以说是男装时尚的最佳代表，绅士、利落、无懈可击。凡是盛大的社交场合，没人能离得开它，它充分体现出男性的高雅、古典、时尚。如今它代替传统燕尾服成为男性出席正式场合的首选服装。

塔士多礼服分为三类：英式、美式和法式。最为传统的是英式塔士多礼服，标志是镶缎戗驳头领单排扣上衣外套，无翻盖、边包缎的口袋，类似燕尾服的款式。英式塔士多礼服是英国人对燕尾服情有独钟的表现，同时也反映出英国男士不愿放弃绅士传统。因此，英式塔士多礼服不仅保持了与燕尾服完全相同的戗驳头领型，从其专配 U 字领口的礼服马甲也能看出燕尾服的影子。其实这是传统着装，其搭配早已就深入人心了，塔士多礼服美观又讲究的标准穿法，才是真正意义上的绅士晚间礼服。

英式塔士多礼服搭配带胸褶衬衫和 U 型领口马甲；美式塔士多礼服搭配胸褶衬衫和卡玛绉饰带；法式塔士多礼服形制与双排扣西装类似，同样可以任意搭配卡玛绉饰带和马甲。不管是英式、法式还是美式的塔士多礼服，都不像晨礼服和燕尾服那样一板一眼，它有很多搭配空间，是可以变通的（如图 5-7 所示）。

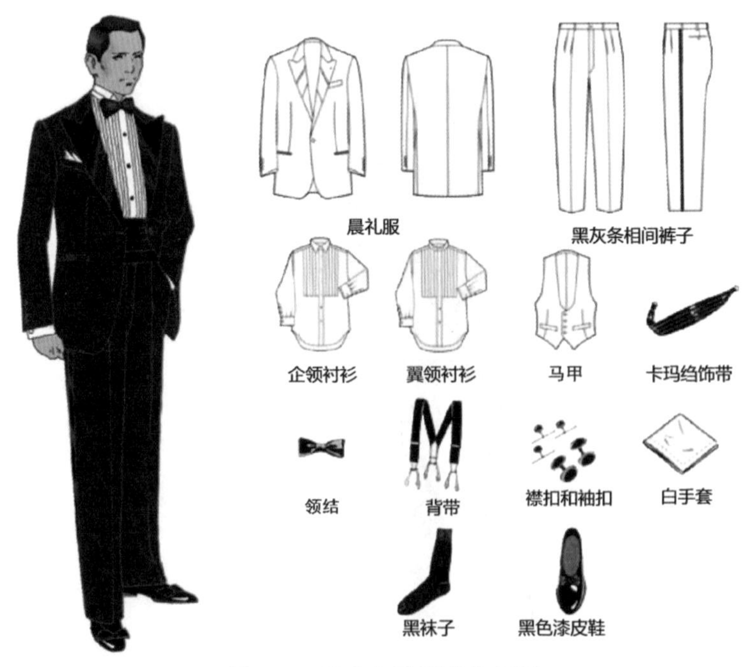

图 5-7　塔士多礼服配饰示例

塔士多礼服都能搭配黑色领结、企领衬衫或双叠袖衬衫，裤装都为侧镶单条缎礼服裤，鞋子都可以是漆皮或牛津鞋，就连英式塔士多礼服的马甲和美式青果领及卡玛绉腰封也可以交错搭配，这样就灵活多了，不至于受那么多繁文缛节的限制。作为现代版无尾燕尾服的塔士多礼服，可出席结婚典礼、大型庆典、受勋仪式、高级酒会等正式场合，是绅士们无可替代、体面而时尚的选择，如今是晚间正式场合中使用频率较高的礼服。

在穿着打扮上，传统、复古、经典是文化的象征，一直都是“有品位”的代名词。而现今我们看到在各种盛大颁奖典礼等高规格场合，还是以塔士多礼服为穿着标准，即使在中国，时尚高级场合等依然是以正式、经典的款式为穿着准则。想穿得有品位，就要尊崇传统的着装文化，这是社交礼仪重要的体现。

男生穿着得体、绅士，在事业上也容易更受信赖，情感社交中更易被青睐，自己身心也会愉悦。一个有品位的人一定会很注意自己的形象，礼服虽说在日常生活很少穿着，但在正式场合绝不能穿错，学习并掌握礼服知识是每个男生的必修课。

四、女生礼服着装要点

女生礼服的特点是突显女性特征。女士礼服是出席正式社交场合的服装，不仅是服装本身漂亮，更是个人审美与气质的表现。要知道，根据不同的场合选择最适合自己的礼服，才能表现最好的状态，把自身的优势发挥出来。如小个子的女生难以驾驭过于霸气女王范儿的礼服，优雅、浪漫型的礼服才是娇小女生的考虑范围。选择的礼服要与自身的气质气场相符，还要考虑鞋帽等配饰，整体搭配缺一不可，一个完美的形象由无数细节组成，总之穿着礼服有一定的规范要求。

（一）女生礼服的分类

女生礼服主要是根据穿着时间、场合的不同，划分为日礼服、小礼服、晚礼服、婚礼服等种类。

1. 日礼服

日礼服是白天出席社交活动时的正规穿着，如参加开幕式、宴会、婚礼、正式拜访等场合。不像晚礼服那样丰富多样，日礼服追求的是得体、端庄。注意正式场合不要穿短裤、超短裙、紧身裤、休闲服等。

参加宴会、联欢会时，女生穿的裙子，宜采用修身的设计，腰部紧身，裙摆饱满，按照人体的曲线裁剪，凸显整体线条，讲究的是优雅的气质。还可用配饰增加亮点，尽显个人风采。

参加商务活动时，以职业套装为首选，如修身的直筒裙比长裙显得更利落，斜裁的窄身裙更凸显身材，裙摆及开衩都不高于膝盖两厘米。搭配套裙的高跟鞋最好选择简洁的基本款型，避免过于复杂的装饰，黑色的高跟鞋是必备款，各种各样的套装都可以搭配，避免露脚趾。着装要点是简约、端庄，以表现穿着者良好的风度。美观、大方、郑重的套装均可作为日礼服。

日礼服通常表现出优雅、美观和含蓄的特点，多采用纯毛、真丝或有丝绸感的高档面料，品质上乘，做工考究，小配件应选择与服装相应的格调，如图 5-8 所示。不同的场合应有不同着装风格，才能体现恰到好处的仪态和风度。

图 5-8　女生日礼服示例

2. 小礼服（鸡尾酒会礼服）

小礼服的一般款式是裙长及膝或者小腿的连衣裙。最初的小礼服指的是 20 世纪 20 年代女性出席鸡尾酒会喜欢穿着的一种裙子，那时候叫作鸡尾酒服，那个时代是不露肩膀和手臂的，面料和做工都非常讲究，款式修身又优雅，是很受女性青睐的一种裙装。后来的鸡尾酒服变得越来越开放，裙子长度变短了，领口更低了，大多是凸显身材的紧身设计，有的还是无袖设计，或加有亮片、刺绣等元素，如图 5-9 所示。

现在小礼服是指女士在半正式或正式场合穿着的服装，是介于日礼服与晚礼服之间的礼服。小礼服与豪华气派的晚礼服相比较，款式上相对简单一些，更为典雅、含蓄又不失美丽，适合更多的场合穿着。

小礼服需露一些皮肤，但不像有些晚礼服那样大片袒露，裙长一般在膝盖上下，随流行而定，一件式、两件式或三件式的连衣裙都可作为选择。颜色以黑、白、粉及浅色等为主，有点缀水钻、亮片等工艺。面料多采用天然的真丝、锦缎、合成纤维及一些新的高科技材料，素色、有底纹及小型花纹的面料也常被使用。饰品多为珍珠项链、耳钉或垂吊式耳环，三串以上为较正式场合使用。与之相搭配的鞋子的装饰性很强，可略带光泽感，更为正式的场合可选择鲜艳的颜色，也可选用细带的高跟凉鞋。

图 5-9　鸡尾酒会礼服示例

3. 晚礼服（大礼服）

晚礼服和小礼服相比，前者裙子的长度更长，有的到脚踝，有的带拖尾（拖尾显得更加稳重）。晚礼服也叫夜礼服或晚装，是晚间八点以后在礼节性活动中穿着的正式礼服，也是女士礼服中档次最高、最具特色和最能充分展示魅力与风采的款式。晚礼服源于欧洲着装习俗，最早盛行于宫廷贵妇之间，与华美的装饰配件及手套等营造出不同的整体装束效果。后来，经过设计师的不断推创，最终演变发展成为女性出席舞会、音乐会、晚宴等活动必备的服装。

晚礼服的形式有两种：一种是传统的晚装，形式多为低胸、露肩、露背、收腰和贴身的长裙，适合在高档的、具有安全感的场合穿用；一种是现代的晚礼服，讲求式样及色彩的变化，具有大胆创新的时代感。

（1）传统晚礼服。传统晚礼服（见图 5–10）更强调女性窈窕的腰身，夸张臀部以下裙子的重量感，多采用露肩、露背、露臂的衣裙式样，以充分展露其身体的肩、背、臂的部分，也为华丽的首饰留下表现的空间。晚礼服经常采用低领口设计，通过镶嵌、刺绣、领部细褶、华丽花边、蝴蝶结、玫瑰花的装饰突出高贵优雅的着装效果，给人以古典、正统的服饰印象。在面料使用上，为迎合夜晚奢华、热烈的气氛，多选用丝光、闪光缎、塔夫绸、金银交织绸、蕾丝等一些华丽、高档的材料，并缀以各种刺绣、褶皱、钉珠、镶边、襻扣等装饰。工艺上的精细缝制，更突显了晚装的精湛不凡和华贵高档之感。

图 5–10　传统晚礼服示例

晚礼服注重搭配，以考究的发型、精致的妆容，华贵的饰品、手套、鞋等的装扮，表现出女性沉稳、秀丽的古典风格。饰品可选择珍珠、蓝宝石、祖母绿、钻石等高品质的配饰。如果脚趾外露，就得与面部、手部同步加以修饰。晚礼服还常搭配华丽、浪漫、精巧、雅致的晚礼服包，它多采用漆皮、软革、丝绒、金银丝等混纺材料，是用镶嵌、绣、编等工艺制作而成。

（2）现代晚礼服。现代风格的晚礼服受到各种现代文化思潮、艺术风格及时尚潮流的影响，不过分拘泥于程式化的限制，注重式样的简洁、亮丽和新奇变化，极具时代的特征与生活的气息。与传统晚礼服相比，现代晚礼服在造型上更加舒适、实用、经济、美观。如西服套装式、短上衣加长裙式、内外两件的组合式，甚至长裤的合理搭配也成为晚礼服的穿着款式。

4. 婚礼服

婚礼服是新娘在婚礼穿着的一种特定服装，属于大礼服范畴。结婚是人一生中的重大事情，为了显示其特殊意义，表达婚者及其亲朋好友欢快与祝福的心声，人们往往要举办隆重热烈的仪式以示庆贺。在整个婚礼的仪式中，婚礼服必不可少，涉及新娘、新郎、伴娘、伴郎及伴童的穿着款式。而新娘的礼服为所有婚服中最豪华漂亮的衣装形式和婚礼亮点，通过其高档的面料、浪漫的样式及精致的做工，反映出婚者炽热纯真的恋情和对未来美好生活的憧憬，体现了婚礼仪式的规模程度。

现在婚礼上新娘多采用婚纱装扮，是美丽与浪漫的象征。婚纱设计源于欧洲的服饰习惯，在多数西方国家中，人们结婚时要到教堂接受神父或牧师的祈祷与祝福，新娘要穿上白色的婚礼服以示真诚与纯洁，并配以帽子、头饰、披纱和手捧花，来衬托婚礼服的华美。伴娘则穿着用来陪衬并与新娘婚礼服相配的礼服。

西式婚礼服（见图 5-11）在造型、色彩、面料上也都有一些约定俗成的规定。造型上多为 X 型合体长裙，上身前片设有公主线，后片打省，裙腰做多褶处理，裙样可有层叠的形式。衣裙的领、腰及下摆可根据设计需要添置类似花结、花边的装饰，为显示婚礼服的造型裙内要用尼龙网、绢网、尼龙布、薄纱等材料做裙撑。色彩上通常为白色，象征着真诚与纯洁。面料一般采用塔夫绸、绉缎、丝绸、纱、薄纱等。配饰则为白披头(白头纱)、白手套、白缎高跟鞋等，其中白披头可用刺绣工艺、白纱丝缎和串珠来制作。

图 5-11　西式婚礼服示例

（二）女生礼服的搭配

1. 礼服与内衣的搭配

在礼仪规则中穿着服装时不露内衣痕迹视为一种礼貌与尊重，着装得体就要从内而外，不同的礼服款式应该搭配不同形状的内衣，这是基本的常识。低胸、露背、紧身款式的服装，分别需要不同的内衣塑造整体形象，如图 5-12 所示。根据礼服的款型搭配不同的内衣才能有的放矢，下面我们来介绍一下，内衣与礼服的搭配技巧。

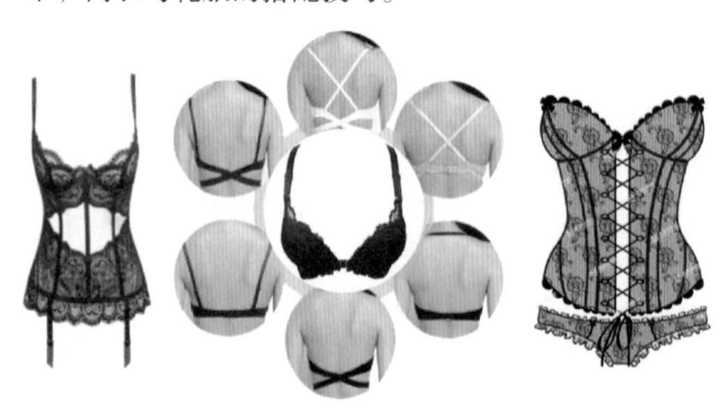

图 5-12　礼服与内衣搭配示例

（1）抹胸礼服 + 无肩带隐形内衣。抹胸礼服一般是晚礼服与婚纱最常采用的款式。穿着抹胸款式礼服，需要搭配无肩带的隐形内衣（如图 5–13 所示），既无需担心肩带外露，又可以不露内衣痕迹。塑身无肩带内衣是最适合礼服的内搭，具有较好的塑身美型的穿着效果，建议在搭配婚纱礼服和各种派对礼服等短时间的场合穿着。

（2）鱼尾礼服 + 紧身连体内衣。鱼尾礼服是很多女性喜欢却又不敢尝试的礼服款式，其实鱼尾裙并没有想象中的那么挑身材。曲线较好的女生，都可以大胆地尝试鱼尾礼服。在穿着鱼尾礼服时，可以穿搭紧身连体内衣（见图 5–14），可以塑造出更为优美的身姿和婀娜的体态。

（3）露背礼服 + 露背款式内衣。露背礼服是彰显女性优雅体态的款式之一，但也是对内衣的款式最为挑剔的礼服款式。选择露背礼服，适合穿搭露背款式的内衣（见图 5–15）。这样既展现了背部完美的曲线，也不用担心内衣露出来。

（4）深 V 礼服 +V 型 /U 型 / 超低心内衣。V 型 /U 型内衣是 V 字领礼服的绝妙搭配（见图 5–16），即便是胸部较为平坦的女生，也可以通过有聚拢效果的 V 型内衣，展示出较好的身材，增加魅力。

图 5–13 抹胸礼服搭配无肩带隐形内衣示例

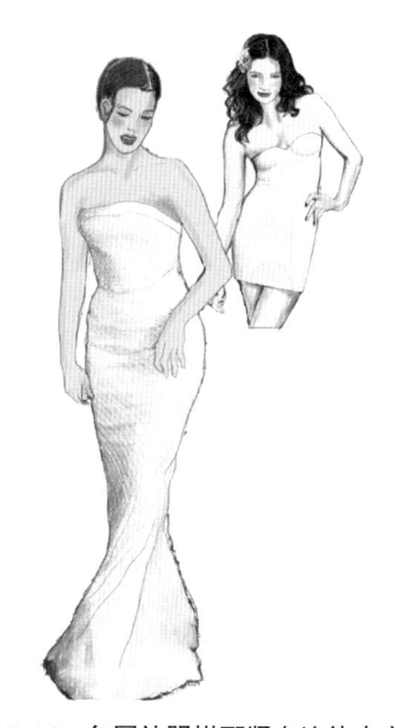

图 5–14 鱼尾礼服搭配紧身连体内衣示例

图 5-15　露背礼服搭配露背款式内衣示例

图 5-16　深 V 礼服搭配 U 型内衣示例

2. 化妆、发型与配饰

出席宴会或庆典等特殊场合时，需要穿上晚礼服，这是社交礼仪中的常识。礼服裙对普通人来讲，上身后会自带光芒，同时能够很好地修饰身材，让美丽与优雅相互融合，展现风采。要想穿得好，就要从整体出发，发型、配饰是让人成为焦点的重要手段，它们总能给人带来意想不到的效果，收获更多的关注度。

（1）化妆。身着礼服是必须要化妆的，再自信的女生也不应该素面朝天地参加正式活动，这是失礼的行为，化妆也是最快提升形象的方法。白天出席严肃正式场合居多，所以要化淡妆，不宜过于浓艳，以免给人留下不得体的印象；晚上多是晚宴或娱乐活动的场合，由于较强的灯光和热烈的气氛，可以加强眼妆与唇部色彩以增加华丽感。还需要注意修剪指甲，涂指甲油、喷香水等细节，以求更加完美的造型。

①日妆。由于白天的光线较好，所以不适合浓妆艳抹，无论是眼影还是眉毛都以浅淡为主、以自然为好，塑造文雅、端庄的知性美。

②晚妆。多是娱乐的场所，在灯光的照射下，可以选择一些浓重靓丽的妆容，主要打造凹凸感。眼线拉长往上挑，睫毛也要涂得浓密一些，多显示迷人的风采。

③婚礼妆。以清秀、细致、干净的妆容为主，关键是注意眉毛、眼线和睫毛的部分以突出五官，可以根据自己的肤色选择不同的腮红，这样能够直接体现出个人的气质，给人一种精致的美丽。

（2）发型。发型最能体现女生的高贵气质，不同的晚装发型能展现出女生青春、活泼、时尚、优雅等多样化的风采。发型对每位女生都很重要，尤其是穿着礼服就更要讲究些，可根据服装款式、身材、气质等因素来选择发型。

①高贵盘发。将头发高高盘起，给人以简单、干净的高贵感。能够搭配多种款式衣服的发型当然非盘发莫属了，况且礼服盘发发型讲究的就是一种端庄的感觉，也能使整体的造型有一种高贵的气场。这种发型是穿礼服最佳的搭配。

②清爽短发。层次分明的短发，简洁利落，个性十足，气质出众。对身材比较瘦小的女生来说能起到画龙点睛的作用，给人清新的感觉。

③优雅复古发型。把前区头发三七分，将长发堆于一侧，刘海做出优美的手推波纹；或将头发整齐地别于耳后，侧过脸，整体造型呈现出复古、成熟、优雅的气质。

④蓬松系长发。现在很多女生都喜欢披着头发，不太在意要弄一个怎样好看的发型，往往最随意的也会是最好看的。长发可以使用直径较粗的电卷棒使发尾更具空气感和层次感，这样的发型适合大部分脸型，整体风格是简单、随性、多变的，加一些发饰则会更加甜美。

（3）配饰。晚礼服多露出肩颈及手臂，这样就给饰品留出很大的空间。配饰是着装中不可分割的部分，利用配饰的质感和造型可以形成相互衬托的神奇效果。晚礼服的配饰有首饰、鞋子、手包等，可以增加美感与时尚度，从配饰的细节可以体现出我们的品位。

一套高雅、华丽的晚礼服如果搭配相应的配饰，会使整套服装设计熠熠生辉，一套造型简洁的礼服只要在配饰上有所变化，就可以适用于不同的场合。

①首饰。首饰包括头饰、项饰、胸饰、手饰等，如果想佩戴齐全就要成套使用。头饰不可过重，所有首饰的材质和档次要看起来统一。对于气

氛轻松的晚会、婚礼、生日派对、庆功宴一类的常规聚会，首饰要尽量选择靓丽与优雅的款式，应多选择珍珠、蓝宝石、祖母绿、钻石等高品质的配饰，也可选择人造宝石。

在正式的商业招待晚会、葬礼（国内少有葬礼宴会），以及其他各类仪式等讲究庄严气氛的晚会上，首饰与礼服要端庄、保守。让别人知道我们很重视这个场合，让对方感觉到被尊重。

②鞋子。很多晚礼服是拖地长裙，在静态的情况下虽说看不见鞋，但鞋子的搭配也不可小觑，再漂亮的礼服如果鞋子穿得不对，整体效果也会大打折扣。简洁船型高跟鞋能搭配所有的礼服，是最基本的款型；而细带的高跟凉鞋，与晚礼服搭配在一起更加光彩照人。注意，如果脚趾外露，不要穿长筒袜，裸露的脚部还要与面部、手部一样加以修饰。礼服通常都是搭配细高跟凉鞋，或者装饰性比较强的高跟鞋，假如脚趾会裸露在外，那么一定要给脚做护理。

③手包。身着优雅的晚装，拿着精致的手包，搭配得体才是最优雅的诠释。小型的手包是着礼服或正式服装的必要装备，手包尽量小巧而精致。手包通常选择漆皮、丝绒、金丝混纺材质再通过镶嵌、编织等工艺制作而成。浪漫、雅观是晚礼服包的共同特点，与服装相得益彰，一定是手提或手捏的，千万不要背或挎在身上，那样的话，包包无论多么昂贵都会给整体造型减分。

总之，再美的服装如果没有饰品的衬托，一定是暗淡无光的。饰品的佩戴应当起到锦上添花、画龙点睛的作用，而不应过分炫耀、刻意堆砌，更不可画蛇添足。饰品佩戴应讲求整体的效果，要和服装相协调，要因场合而定。那些华丽的珠宝首饰，只有在隆重的场合佩戴才更为适合。

服饰搭配具有极强的表现功能，它反映着一个人对社会的认知程度。人们可以通过服饰来判断一个人的身份、修养及品位。服饰又可以提升一个人的仪表气质，要想塑造好的形象，首先要掌握服饰搭配的规范，根据自我风格的特征，扬长避短，得体的装扮不仅彰显个人魅力，也将获得更好的社交效果。